中国俗文化丛书

葫芦的奥秘

丛书主编 高占祥

刘庆芳 著

山东教育出版社

·济南·

图书在版编目（CIP）数据

葫芦的奥秘 / 刘庆芳著 . —济南：山东教育出版社，
2017.2（2024.3重印）

（中国俗文化丛书 / 高占祥主编）

ISBN 978-7-5328-9304-1

Ⅰ. ①葫…　Ⅱ. ①刘…　Ⅲ. ①葫芦科－文化－中国

Ⅳ. ①S642

中国版本图书馆CIP数据核字（2016）第 052127 号

ZHONGGUO SUWENHUA CONGSHU
HULU DE AOMI

中国俗文化丛书　　　　　　　　　　　高占祥　主编

葫芦的奥秘　　　　　　　　　　　　刘庆芳　著

主管单位：山东出版传媒股份有限公司
出版发行：山东教育出版社
　　　　　地址：济南市市中区二环南路 2066 号 4 区 1 号　　邮编：250003
　　　　　电话：（0531）82092660　　网址：www.sjs.com.cn
印　　刷：山东华立印务有限公司
版　　次：2017 年 2 月第 1 版
印　　次：2024 年 3 月第 2 次印刷
开　　本：787 毫米×1092 毫米　1/32
印　　张：9.875
字　　数：150 千
定　　价：59.80 元

（如印装质量有问题，请与印刷厂联系调换）印厂电话：0531-76216033

中国俗文化丛书

主　　编：高占祥
执行主编：于占德
副 主 编：于培杰
　　　　　叶　涛
　　　　　刘德增

序

在中华民族光辉而悠久的历史传统文化中，俗文化占有十分重要的地位。它不仅是雅文化不可缺少的伴侣，而且具有自身独立的社会价值。它在中华民族的发展历程中，与雅文化一起描绘着中华民族的形象，铸造着中华民族的灵魂。而在其表现形态上，俗文化则更显露出新鲜、明朗、生动、活跃的气质。它像一面镜子，折射出一个民族、一个地区的风土人情和生活百态。从这个角度看，进一步挖掘、整理和发扬俗文化是文化建设的一项战略任务。

俗文化，俗而不厌，雅美而宜人。不论是具体可感的器物，还是抽象的礼俗，读者都可以从中看出，千百年来，我们的祖先是在怎样的匠心独运中创造出如此灿烂的文化。我们好像触到了他们纯正的品格，听到了他们润物的声情，看到了他们精湛的技艺。他们那巧夺天工的种种创造，对今人是一种启迪；他们那健康而奇妙的审美追求，对后人是一种熏陶。我们不但可从这辉煌的民族文化中窥见自己的过去，而且可以从中展望美好的明天。

俗文化，无处不在，丰富而多彩。中华民族，历史悠久，地大物博，人口众多，在长期的生活积淀中，许多行为，众多器物，约定俗成，精益求精。追根溯源，形成系列，构成体系，展示出丰厚的文化氛围。如饮食、礼俗、游艺、婚丧、服饰、教育、艺术、房舍、变迁、风情、驯化、意趣、收藏、养生、烹饪、交往、生育、家谱、陵墓、家具、陈设、食具、石艺、玉器、印玺、鱼艺、鸟艺、鸣虫、镜子、扇子等等，都是俗文化涉及的范围。诚然，在诸多领域里，雅俗难辨，常常是你中有我，我中有你，彼此交叉，共融一体；有的则是先俗而后雅。

俗文化，古而不老，历久而弥新。它在人们的身边，在人们的生活中，无时无刻不影响人们的思想、观念和情趣。总结俗文化，剔除其糟粕，吸收其精华，对发扬民族精神，增强民族自信心，提高和丰富人民生活，都具有不可忽视的意义。世界文化是由五彩斑斓的民族文化汇成的，从这个意义上讲，愈是民族的，就愈是世界的。因此，我们总结自己的民俗文化，正是沟通世界文化的桥梁。这是发展的要求，时代的召唤。

这便是我们编纂出版这套《中国俗文化丛书》的宗旨。

目
录

一　自然王国中的家族

葫芦为一年生蔓性草本植物，属双子叶纲葫芦科。它"攀缘草木，茎具软黏毛，卷须二分叉。叶心形至卵形，花单性，白色，雌雄同株，子房下位。瓠果大……成熟后果皮木质化"①，"果有棒状、瓢状、海豚状、壶状等。嫩时可食，成熟后壳硬，可做瓶、瓢、匙羹等用具，以及鸟巢、小装饰品、灯具及乐器等……以种子繁殖，易栽培，但要求有较长的炎热季节，果实才能成熟。"②

①《大辞典》，台湾三民书局，1985 年版，第 4076 页。
②《简明不列颠百科全书》第 3 卷，中国大百科全书出版社，1985 年版，第 835 页。

（一）名称

葫芦在我国有着悠久的栽培历史，在几千年前就影响着人们的世俗生活及意识形态的诸多领域，但古人对它的称呼却不尽一致。我国最早的诗歌总集《诗经》中就有 5 种叫法。《邶风·匏有苦叶》："匏有苦叶"；《大雅·公刘》："酌之用匏"；《卫风·硕人》："齿如瓠犀"；《豳风·七月》："八月断壶"；《豳风·东山》："有敦瓜苦"；《小雅·南有嘉鱼》："甘瓠累之"。其中的"匏"、"瓠"、"壶"、"瓜苦"（苦即"瓠"）、"甘瓠"，都是说的葫芦。孔子删定《诗经》以后，又经过数千年岁月沧桑，葫芦的名称不仅没有约简统一，反而越来越多了。就典籍所见，古时对葫芦的称呼共达 30 多种，包括：瓠、匏、壶、瓢、蠡、扁蒲、蒲芦、蒲卢、蒲鲁、瓠㿻、壶卢、壶芦、扈鲁、瓠芦、瓠卢、悬瓠、匏瓜、瓠瓜、甘瓠、苦瓠……

同一种植物，为什么会有这么多名称呢？原因有 3 条：一是葫芦这种植物的变种本来就不少，二是古代缺乏统一的植物学分类命名方法，三是通假字在作怪。关于第一条，后面有文字专门述及。第二条是最重要的。由于缺乏统一标准，便各持一说，结果也就不能避免五花八门了。如从形状分，宋朝人陆佃说，"短颈大腹曰匏，似匏而圆曰壶"（《埤雅》），李时珍则与之相反，认为"无柄而圆大形扁者为匏，匏之有短柄大腹者为壶"（《本草纲目》）；从性味分，葫芦因具甘苦之别，因而有了"瓠"、"甘瓠"和"匏"、"苦匏"的名称；从用途分，则有了"茶酒瓢"、"药壶卢"、"水葫芦"等等。关于第三条，通假，也叫"通借"，即用同音或音近的字来代替本字。古人用字不十分讲究，不像现在有统一规定，往往信手拈来，只要形似或音似就可以了。说穿了，通借字就是错别字。蒲芦、蒲卢和蒲鲁，壶卢、壶芦和瓠芦，读音相似甚至完全相同，指的是同一种东西。古人贪图一时的方便，或者粗心大意，给子孙后代留下了麻烦，使得葫芦这种本来司空见惯的事物变得扑朔迷离起来。

对葫芦的名称，历史上有两个人的看法是颇有见地的：一个是崔豹，另一个是李时珍。

崔豹是西晋渔阳（今北京市密云区西南）人，字正熊。著有《古今注》3卷，分舆服、都邑、音乐、鸟兽、鱼虫、草木、杂注和问答释义等8项内容，对各种名物制度加以解释和考订。在这本著作中，他认为，瓠是葫芦的总称，而匏、瓢、悬瓠、壶卢等不是种与种的区别，只不过外形略有差异罢了。

以《本草纲目》彪炳青史的李时珍，曾参考历代医药及有关书籍 800 余种，对药物加以鉴别考证，纠正了古代本草书籍中药名、品种、产地等许多错误，葫芦就是其中一种。他说："壶，酒器也；卢，饭器也。此物各像其形，又可为酒饭之器，因以名之。俗作葫芦者，非矣。葫乃蒜名，芦乃苇属也。"这段话的意思是：壶是盛酒的器具，卢是盛饭的器具。这两种东西又各像其形，所以人们把"壶"和"卢"合在一起，组成一个词，作为这种植物的名称。而"葫芦"则是俗写，并不符合原意。"葫"是大蒜的原称，"芦"则属于苇类植物，与壶卢是风马牛不相及的。平心而论，从训诂学角度说，李时珍说得合情合理。然而，人们将其写作"葫芦"，约定俗成千百载，没有再改的必要了。

（二）种类

对于葫芦的分类，古人见仁见智，认识不尽一致。尤其是先秦时期，名物多为单音节词，因而类别的区分就更粗疏一些。随着社会的进步，人们对葫芦的认识越来越深刻，分类也越来越科学。魏晋南北朝时期，除崔豹外，另有郭义恭对葫芦颇有研究。他在《广志》中说："有都瓠子如牛角，长四尺有余。又有约瓠，其腹甚细，缘蒂为口，出雍县……朱崖有千叶瓠，其大者受斛余。"宋陆佃认为，"长而瘦上曰瓠，短颈大腹曰匏，似匏而圆曰壶"。李时珍是伟大的医药学家，也是一位植物学家，他的见解是高明的：

> 后世以长如越瓜、首尾如一者为瓠，瓠之有腹而长柄者为悬瓠，无柄而圆大形扁者为匏，匏之有短柄大腹者为壶，壶之细腰者为蒲卢。各分各色，迥异于古。以今参详，其形状虽各不同，而苗、叶、皮、籽性味则一，故兹不复分条焉。悬瓠，今人所谓茶酒瓢者是也。蒲卢，今之药壶卢是也；郭义恭《广志》谓之"约腹壶"，以其腹有约束也，亦有大小二种。（《本草纲目》）（图1）

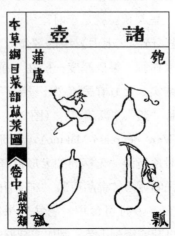

图1 《本草纲目》诸壶图

按现代植物分类学划分，葫芦是一个科。在这个家族中，符合"成熟后果皮木质化"条件的，按其果实的形态和大小，可分为下列5个品种。

1. 瓠子（Var. clavata Makino）为圆筒或牛角状，即李时珍所说"长如越瓜、首尾如一"者。有的地方因其形称为"棒子葫芦"。一般长达0.5米左右。嫩时多汁，果皮为绿白色，可以食用。成熟后转白色，较其他几个变种略薄而松脆。（图2）

2. 短柄葫芦（Var. caugourda Makino）下部圆大，果柄部渐小，呈梨状。就是李时珍所说"短柄大腹者"，也就是《诗经·七月》中的"壶"。嫩时可以食用，为农家佳蔬。果皮厚度一般在1厘米以上，成熟后坚硬结实。北方有民谚"一只葫芦解俩瓢"，就是这一种，因而又称"瓢"、"瓢葫芦"。（图3）

3. 大葫芦（Var. depressa Makino）扁圆形，直径可达20厘米左右。即李时珍所说"无柄而圆大形扁者"，也叫匏。北京、天津、山东民间呼为"扁葫芦"、"柿子葫芦"，盖因其形扁圆，与柿子相似。嫩时可食用，老熟后果皮坚实。鲁北、冀南一带多施以削花或镂刻工艺，制作成蝈蝈盛具。（图4）

图 2　瓠子

图 3　短柄葫芦

图 4　大葫芦

4. 丫腰葫芦（Var. gourda Makino）下部圆大，近果柄部较小而中间缢细，像大小两个球体相接，中间有一个"蜂腰"，即李时珍所说"壶之细腰者"。陆佃说："细腰曰蒲，一名蒲卢。细腰土蜂谓之蒲卢，义取诸此。"（《埤雅》）意思是：蒲卢本来是细腰的意思，所以，腰肢很细的土蜂又叫"蒲卢"；同样的道理，细腰如缢的葫芦也应该叫"蒲卢"。嫩时也可食用，但主要是老熟后做成实用器物或观赏。（图5）

5. 观赏腰葫芦（Var. microcarpa Makino）又名"小葫芦"。形体较小的丫腰葫芦，长度一般在10厘米以下。无食用价值，老熟后供观赏或做玩具。物以稀为贵，葫芦愈小，价值愈大。《明宫史》中说："乃有真正小葫芦如豌豆者，名曰'草里金'，二枚可值二三十两（白银）不等，皆贵尚焉。"

至于悬瓠，现代植物学没有给其定义。其形状下部浑圆，有一个长长的柄。即李时珍所说"瓠之有腹而长柄者"。古代用来做笙，或剖开做"匏勺"，民间则常用做磨香油的振捣器。(图6)

图 5　丫腰葫芦　　图 6　悬匏

（三）生物学特性

1. 营养成分

葫芦的果实（瓠瓜）营养比较丰富，古往今来数千年一直是人们着意栽培的蔬菜之一。它的可食部分为 89％。据现代技术手段分析，每 100 克瓠果含蛋白质 0.6 克，脂肪 0.1

克，糖类 3 克，热量 15 千卡，胡萝卜素 0.02 毫克，维生素 B_1、B_2 0.02～0.03 毫克，抗坏血酸 12 毫克，钙 12 毫克，磷 17 毫克，铁 0.3 毫克。

2. 性状

葫芦为蔓性草本植物，蔓长可达数米，分枝力强。瓜叶为浅缺刻，稍呈五边形，茎、叶上均具发光柔软绒毛，这是与其他瓜类不同之处。花为白色，雌雄同株异花，夕开而朝萎，所以又称"夜开花"。主蔓不易结果，多于第一侧蔓第一腋叶内出现雌花结瓜，有的顺次在每个腋叶长瓜一条，也有隔两三节着生雌花的。在第二侧蔓长出的孙蔓中，也偶有雌花形成而结果。

3. 根系与土壤要求

葫芦的根系发育，因品种不同而有差异。长瓠子属浅根系，发达的根系主要是水平伸展，分布在表土 20 厘米以内。所以，不耐干旱和瘠薄，以在富于腐殖质、保水保肥的壤土上栽培为好。圆葫芦的根系入土较深，主要分布在 0.5～0.7 米深土层之间，因而耐旱力较强，对土壤条件要求也不严格。但由于它生长期长，果实较大而坐果率又高，因而对养料的要求较高。石灰质土壤团粒结构好，有利于根系发展。如土壤过黏，排水不畅，则易引起植株发病。营养不足，植株过密，水分供应不及时，或连日阴雨，过于湿渍，常会出现大批落花与隐果现象。

4. 喜温暖，喜光照，不耐低温

葫芦种子在 15℃ 开始发芽，30～35℃ 发芽最快。生长时期对温度的反应，因品种不同而有差异。长瓠子不耐高温，圆葫芦比较耐高温。一般说来，日间温度在 22～26℃，夜间温度在 17℃ 左右，对生长和结果最适宜。对光照条件要求较高。在阳光充足的情况下，病害少，生长和结果良好。

（四）生长区域及历史

马克思主义认识论告诉我们，世间万物无时无刻不在运动，不在变化。各种生物都经历了由无到有、由简单到复杂的演进过程，每一种农作物都有其长夜漫漫的野生阶段。为了弄清楚栽培作物的人工驯化过程，以系统掌握其演化规律，更好地为人类造福，科学家们对各种作物的源头进行了探索。许多作物，如水稻、小麦、大麦、谷子、大豆、玉米、花生、马铃薯等，已经找到了它们的祖先种，弄清了它们的祖居地。然而，葫芦的祖先种是谁，籍贯在哪里？至今仍是一个谜。

非洲植物中，最寻常而又最富魅力的是葫芦。那里的先民对葫芦倾注了十二分的虔诚与敬仰，形象拙朴的葫芦出现在公元前 3500 年的古埃及陵墓中。于是，有人说葫芦的籍贯是非洲。

葫芦是印度人民生活中的亲密伴侣，印度人的风俗中有不少葫芦崇拜遗存，况且那片土地上至今有野生葫芦在自灭自生，"一岁一枯荣"。于是，有人说葫芦的老家在印度。

非洲、印度是葫芦原产地的说法，被写进书里。外国人这样说，这样写，中国人也这样说，这样写——权威工具书《辞海》中，"葫芦"条下就赫然印有"原产印度"4 个字。然而，这种说法并没有得到公认，起码中国的葫芦文化研究者多持异议。

考古学界的信息告诉我们，亚洲的中国、泰国，非洲的埃及，南美洲的秘鲁、墨西哥，都有出土新石器时代葫芦的报道。这些葫芦距今有 3000～9000 年之久，有的是在人类穴居的山洞中发现的。如果说葫芦原产于非洲和印度，那么，是什么时候以什么方式传播到别的洲和国家去的呢？鉴于地球上大陆板块之间是浩瀚的海洋，原始人无法交通的认识，有人推测，葫芦是以其漂浮性能，靠海流的运动从一块大陆漂到另一块大陆去的。还有人为此专门做了试验，结果认为有可能发生各种漂流。但是，又有人站出来发表见解，认为"这种说法也是可以商榷的"，理由是葫芦并非滨海植物，况且还有许多传播为辐射状扩散，这些都是"漂流说"所无法解释的。①

通过比较，还是《简明不列颠百科全书》说得全面一些，准确一些：葫芦，"原产于旧大陆热带"。旧大陆，亦称东大陆，即东半球陆地，主要包括亚、欧、非3个洲。可以说，葫芦是一种老资格的驯化植物，是一种世界性植物。

尽管葫芦的遗存在世界各大洲都有出土，但有关文献记载以我国为最多，有关的传说故事以我国为最早，有关这种作物的品种资源和栽培经验以我国为最丰富。

1973年和1977年，我国考古工作者先后两次在浙江余姚河姆渡村发掘距今7000年的原始母系氏族社会遗址，出土的植物遗存中，除大量的稻谷、橡子、菱角等，还有葫芦皮和葫芦籽；桐乡罗家角遗址也出土了葫芦；过去曾报道杭州水田畈良渚文化遗址出土西瓜籽，现在鉴定应是葫芦籽。② 距今

---

① 游修龄：《葫芦的家世》，《文物》1977年第8期。
② 陈文华：《论农业考古》，江西教育出版社1990年版，第43页。

六七千年的西安半坡原始母系氏族公社的遗存物中，出现了完全仿照自然界葫芦做成的葫芦盛器，说明渭水流域盛产葫芦，也说明葫芦与当时人们的生活密切相关。至于商周及其以后的墓葬中出土葫芦或葫芦瓢，数量就更多了，江西、湖北、四川、广西、江苏等地都有。

葫芦与石器、陶器不同，它是有机物，容易腐朽销形，化为乌有。据估计，比河姆渡更早的文化遗址中当也不乏葫芦，只是由于年代久远，早已化同泥土，无可寻觅罢了；或许有葫芦实物存在而未被发掘者，留待我们及我们的后代去认识。

作为记录语言的符号，代表葫芦的"壶"字出现在人类最早的文字形式之一的甲骨文中，作"壶"、"壶"，至金文演化为"壶"，小篆再变成"壶"。葫芦在典籍中的记载，最早见于《诗经》，名称有 5 种之多。春秋以来，记载葫芦的文献越来越多。据清代《古今图书集成》统计，提到葫芦的书有近百部（篇）。由于信息传递及统计手段所限，这个数字显然是保守的。仅就这些书来说，有关葫芦的内容可谓丰富多彩，或介绍种植方法，或阐述用途和价值，或用美好的语言加以赞颂。

在反映古代人们对世界及人类起源、自然现象、社会生活的原始理解的神话故事中，葫芦是出现最多的物象之一。时至今日，在中国这个由 56 个民族组成的大家庭里，流传有人类出自葫芦这类神话的，就有二三十个民族。它们是：汉、彝、苗、瑶、怒、畲、白、黎、侗、佤、壮、傣、水、纳西、拉祜、布依、高山、仡佬、德昂、傈僳、阿昌、基诺、景颇、哈尼等。比如基诺族，其族名"基诺"，就是"从葫芦里挤出来"的意思。可以设想，把葫芦当作图腾的民族，就是当年栽培驯化这种植物的祖先。

许许多多的资料证明，葫芦是我国土生土长的植物，并非"舶来品"。我国是葫芦原产地之一。有专家推断，我国原始先民懂得野生葫芦可食用或作器用，进而把它移植栽培为作物，距今当在万年以上。[①]

（五）栽培技术

大约在 1 万年前的旧石器时代末期或新石器时代初期，人

---

① 刘尧汉：《论中华葫芦文化》，《民间文学论坛》1987 年第 3 期。

们在长期的采集野生植物的过程中，逐渐掌握一些可食植物的生长规律，终于将这些野生植物驯化为农作物。至商周时期，出现了专门从事蔬菜种植的园圃业。甲骨文中已经有了"圃"字。《诗经·豳风·七月》："九月筑场圃。"毛传："春夏为圃，秋冬为场。"圃即菜园。到春秋时期，园圃业已从大田中分化出来，蔬菜种植成为一种专门手艺。《论语·子路》中樊迟"问稼"，孔子答："吾不如老农。"又请教"为圃"，回答的是"吾不如老圃"。《周礼·地官·场人》中说："场人，掌国之场圃，而树立果蓏珍异之物，以时敛而藏之。"设专职官吏司掌蔬菜种植，可见规模之大。考古资料表明，原始人种植的蔬菜品种很少，只有芥菜、白菜、葫芦等寥寥几种。《诗经》中提及的果蔬，也只有韭、葵、芹、笋、藕、荠、莙、菲、菽等十来种，其中就有葫芦。到了汉代，增加到20多种，但仍以葫芦、葵等为主。

在葫芦驯化过程中，人们逐渐掌握了其生长规律，摸索出了成套的栽培技术。

1. 选种

重视良种选留是我国传统农业的一大特色。《诗经·大雅·生民》有"诞降嘉种"句，"嘉种"就是作物良种。汉代农学家氾胜之（前 32～前 7 年）谈到葫芦留种时说："收种子须大者。"又说："留子法，初生二三子不佳，去之；取第四、五、六子，留三子即是。"这样做的道理是：最初结果时植株还在生长，果实不能得到充分营养，不宜留种，摘掉反而有利于植株生长；结第四、五、六子时，植株生长已基本停止，营养就能大量输送给瓠果，结下的种子就饱满硕大，适宜留种。

葫芦植株的生长比其他瓜类容易衰老，而果实充分老熟需要 70～80 天的时间。为了解决种子成熟时间较长而植株活存时间短的矛盾，后世人在继承前人经验的基础上，多选择第二只瓜留种。具体方法是：先选择生长强壮、茎叶绒毛多、节间密、结果早的植株，再审视第二只瓜是否具有本品种特征，是否感染病害。然后，将符合条件者所结第一只瓜及早采收，并将其余的幼瓜和雌花全部摘去。其他辅助措施有：摘去过多过密的藤蔓及叶子，以利通风透光，增施磷肥，加强病虫害防治等。

当瓜藤枯老、叶子脱落时，种瓜变成白绿带褐色，出现明显的斑点，就可以采收了。采收后还有一个后熟阶段，挂到淋不到雨的屋檐下，至第二年播种前取下。

2. 育苗

按民间习惯，葫芦育苗必须"不断九"。我国古代将冬至后的 81 天分为 9 个阶段，每一阶段为 9 天，按次序定名为一九、二九、三九……所谓"不断九"，就是说最迟不迟过早后一个"九"（在惊蛰与春分之间）。超过末九种出的，不但节间稀，植株细长，开花迟，还容易感染病害，从而影响产量。

为保证"不断九"，长江流域及以北地区须采用保温育苗法。在以往年代，个体农户一家一户小面积种植，多把种子放入碗里或盆里，盖上湿布，放在炕头上，锅灶旁，借烧炕做饭的余热来催芽，有的竟用布带缠在身体上。大田作业需用量大，多用温床育苗。每亩一般 2300～2400 株，需种子 0.5 公斤。

3. 定植

葫芦苗由室内移栽到地里，以清明后 7 天至谷雨间为最佳时期。这时晚霜已过，地温逐渐升高。葫芦原产于热带，要求有较高的温度，而且对温度的变化很敏感。若定植过早，一旦受到冷风或晚霜的侵害，重则冻死，轻则蔓茎变为空心，导致根系不发达，叶子变黄，结瓜不好。1957 年上海交通乡红旗社在清明前种下 2.5 亩，遭受一次晚霜袭击，植株便停止生长，只收获了 40 公斤。如定植过晚，瓜苗真叶长出 4 片以上，则不容易恢复生长，也会减产。

4. 田间管理

（1）施肥。"庄稼一枝花，全靠肥当家。"这句农谚道出了肥料对于农作物的重要性。氾胜之曾指出：种葫芦，要在大田里打出一个一个三四尺见方的畦子，掘深一尺，每方施以一斗蚕粪与大粪拌和在一起的肥料。现代园艺科学的要求是：施足底肥。定植成活后施提苗肥一次；摘心后施分蔓肥一次；瓠瓜迅速生长时施果肥一次；开始采收后分期追肥两次，以促进后续瓜生长；收伏瓜后再施秋瓜肥一次。每亩共用人畜粪尿 50～70 担，开穴施用；也可以结合病虫防治，根外追施尿素等化学肥料。

（2）插架。葫芦有"土蒲"和"屋蒲"之分。所谓"土蒲"，就是地爬葫芦；所谓"屋蒲"，就是秧子爬到屋顶上或架子上的葫芦。让葫芦秧子爬到架子上去，有许多好处：① 增强通风透光，提高产量；② 葫芦儿从上方垂下，便于观赏；③ 能保持葫芦儿的正常形态，不致长偏长歪，并能避免地爬葫芦的疮瘢。地爬葫芦要避免疮瘢，则需用干草等垫起，与地面隔离。种植在庭院中的葫芦，一般用水平式架子，可以减少占地，不影响主人活动，又能长成一架凉棚，增添生活情趣。大田作业一般用人字形支架，于抽蔓后开始插架。为了便于侧蔓攀缘和人工缚蔓，须再于人字形支架上用小竹竿或较粗的草绳，设2～3道横架。地爬葫芦须采取压蔓措施，以免遭受风害，并能促进不定根发生，扩大吸收面积。

（3）整枝。整枝的目的，一是增强通风透光，二是节省养料。葫芦主蔓发生雌花较晚，而侧蔓一、二节即着生雌花，为了促进侧蔓及早发生，不论采用什么方式栽培，均应施行打顶（摘心）。主蔓长出第六片叶子时，第一次打顶；当侧蔓结果后，第二次打顶，以促进孙蔓抽生；此后可任其自由生长，也可第三次打顶。适时剪去没有雌花的老藤和徒长枝，打掉衰老萎黄的叶子。

（4）嫁接。《庄子·逍遥游》中，惠施对庄子提到有的葫芦可以盛5石谷物。研究者一般认为这是文学上的夸张之言，自然界不可能长出这么大的葫芦。其实，栽种这种大葫芦的技术，在2000多年前成书的《氾胜之书》中就已经有了，那就是嫁接。方法很巧妙——利用多株根系，经过嫁接来养活一株地上茎。具体步骤是：① 掘长、宽、深各为3尺的土坑，将蚕粪和牛粪掺上一半土填进坑里，大水灌坑；② 待水渗下，即下种子10颗，用前述粪土覆盖；③ 秧子长到2尺长时，把

10 棵葫芦的主蔓聚在一起，用软布紧紧缠住，再用泥巴把缠布的地方封实。几天之后，10 棵秧子就会长为一体；④ 留下一枝粗壮节密的秧蔓，其余 9 枝全部掐掉；⑤ 葫芦结果后，及早去掉前 3 个，保留第四、五、六枚。这样就能长出特大的葫芦。正如氾胜之所说："先受一斗，得收一石；先受一石，得收十石。"唐末或五代初期，有一个名叫韩鄂（一作韩谔）的人，编写了一本《四时纂要》，逐月列举应做农事及具体技术措施。其中有一则说：选取 4 株生长健壮的葫芦苗，把每两株绑在一起，株与株相贴之处用竹刀刮去半皮，用麻或布缠缚牢固，再用黄泥封裹。待相贴之处长在一起后，各除去一枝；再取留下的两枝秧蔓，照前述方法操作，活好后只留一条主蔓。结果之后，留下两个长得快、形体周正的，其余的摘去做菜吃。韩鄂说，这样能使原来盛一斗的葫芦的种子长出盛一石的葫芦来。上述两种方法，都属于嫁接方法中的靠接类，即将有根系的植株在易于互相靠近的茎部相互接合。古人言之凿凿的大葫芦栽培方法究竟效果如何，有兴趣的读者不妨一试。

二　源远流长的盛器

以器受物谓之盛。盛器就是能盛东西的东西。

说到盛器，人们自然会想到日常生活中使用的锅瓢盆碗、杯盘盂盏、瓶坛瓮罐……它们或由钢铁铸就，或将铜铝压成，或是泥土烧制，或用塑胶注塑，质地材料不同，加工方式各异，有民族传统精华，也有高新技术成果。这些丰富多彩的盛器，给我们带来生活便利，须臾不可离开。

浇铸、锻压也好，烧制、注塑也好，它们都是人工制成的，经过了许多道工序，经过了许多环节。在它们身上，熔铸着辛勤的汗水，闪烁着人类智慧的光辉。

在使用这些人工盛器的时候，你是否知道盛器世界还有一种天然的盛器？

这种天然盛器就是葫芦。

（一）天赐之作

据生物学家研究，大自然恩赐给人类的现成盛器是不多的。在华夏民族活动区域，植物中仅有葫芦一科。从盛器的角度说，葫芦已臻高度理想化，达到几乎不需任何加工的程度。真可谓：天造地设出灵种，鬼斧神工总不如。

人们喜爱用葫芦作盛器，究其原因，大致有四：首先，葫芦为天然之物，得来容易。野生者无须说，即使人工栽培，也不用费多大气力；其次，葫芦为圆形，而圆形在表面积相等的各种形状的盛器中容量最大，而且葫芦家族中瓠果形制有浑圆、椭圆、棒、梨等状之分，能适应不同用途的需要；第三，葫芦外表光滑，整体坚实，轻便，便于加工，便于携带；第四，具备较高的审美价值，人们使用它，除获得实用价值、得其便利外，还能得到美的享受。从盛器的角度说葫芦是天赐之作，并不是过誉。《汉书·东方朔传》说："壶者，所以盛也。"意思是，葫芦是天生的盛器。

说到葫芦盛器，大家一般会想到用来舀水、挖面的葫芦瓢。其实，葫芦作为盛器，用途相当多，而且源远流长。星移斗转，沧海桑田，它伴随着历史发展的足音一路走了过来，在人类世世代代的实际生活中扮演了重要角色。

1. 盛水

用葫芦盛水，当是人类对葫芦用途的最早开发项目。在盛产野生葫芦地区，这种天然盛器俯拾皆是，原始人只需用石块敲去其柢部，甚至捡一个破葫芦，就可用来盛水。葫芦结实、轻便，体积小而容量大，是水壶的最佳材选，适合于旅行远足，行军打仗。《论语·雍也》："一箪食，一瓢饮，在陋巷，人不堪其忧，回也不改其乐。"其中的"一瓢饮"，就是说的用葫芦盛水。唐代文学家段成式在其笔记体著作《酉阳杂俎》中说："若欲取水，以骆驼髑髅沉于石臼中取水，转注葫芦中。"说的就是长途旅行中的情景。

用葫芦盛水，可以做成漏壶——计时仪器。漏壶分单壶和复壶两种。单壶只有一只贮水壶，水压变化较大，因而计时精度较低（约一刻）。复壶为两只以上的贮水壶上下叠置，最上一只装满水后，自底部小孔逐渐流入以下各壶，最下一只壶里装有刻度浮标，随着浮标上升，便可读出时间。我国和埃及均有漏壶出土。我国解放后发现的单壶有陕西兴平的漏壶、河北满城的漏壶和内蒙古的漏壶。这些都是西汉初期（约公元前 100 年）的计时工具，盛水的壶都是青铜器。《周礼

·夏官》已谈到设置专职官吏管理漏刻，可见我国很早就使用漏壶来测定时间了，况且这种仪器称作"漏壶"，又名"壶漏"，其原始状态应是葫芦。

元朝人王祯在《农书》中说：葫芦，"长柄者可作喷壶"。喷壶，多用于园艺业，利用水的压力给植物洒水，冲刷茎叶上的尘土。这种工具必须使水具有较强的压力，而要使壶中的水具有较强的压力，壶的脖颈则需有足够的长度，才能使水"喷"出来，而不是流出来。长柄葫芦（即悬瓠）正好具备这个条件。液体的压强公式为：$P = \dfrac{F}{S} = \dfrac{G}{S} = \rho gh$。水的密度（$\rho$）为 1.0×10^3 千克/米^3，悬瓠的柄长（h）一般为 0.5 米，代入公式得：$P = 1.0 \times 10^3 \times 9.8 \times 0.5 = 4900$（Pa）。这个数字比人工制作的一般喷壶的力量还要大。其实，懂得了液体压强公式，只需将长柄葫芦与人工喷壶的长度比较一下，结论就有了。

在非洲，每天清晨，少女们踏着朝露，头上顶着葫芦，到清澈的小河边去打水；满天星斗点亮以后，操劳了一天的农民围在篝火旁，用苇管吸吮着葫芦里的美酒。当你在东非高原旅行时，如果旅途困顿、口干舌燥，腰间挎着葫芦的马赛伊人会慷慨解囊，向你奉献鲜奶和水。我国西南地区少数民族也有类似的情况。

2. 盛酒

酒文化是中国文化中的奇葩。中国酿酒历史悠久，江山代有名酒出；自古以来喝酒的人也多，豪饮之士甚夥。文人墨客偏爱与酒结缘，留下了大量佳作美文。

好马配好鞍。好酒须有好酒具才能相称。"琥珀美酒夜光杯"，历来被认为是酒与酒具相映生辉的绝世佳句。《水浒传》中"林冲风雪山神庙"一回，写林冲用葫芦打酒，"花枪挑着葫芦"（图7）；"武松醉打蒋门神"一回，写快活林酒店门前插着两面销金旗，上写"醉里乾坤大，壶中日月长"。用葫芦装酒，用葫芦杯、葫芦瓢喝酒，符合世俗生活实际和民族传统心理。

用葫芦作酒杯的最早文字记载，见于《诗经·大雅·公刘》。《公刘》这首诗叙述了周的远祖公刘率领周族从部（今陕西武功）迁豳（今陕西旬邑、彬州一带）的历史事迹，塑造出一个深谋远虑、勤劳刚毅、具有高度组织才能的古代部落首领的英雄形象。诗中有"俾筵俾几，既登乃依。乃造其曹，执豕于牢，酌之用匏。食之饮之，君子宗之"句，意思是：公刘宴请族人，杀猪做菜，用葫芦瓢斟酒。大家痛痛快快地吃喝一通，拥戴公刘做了宗主、族长。

图7　林冲风雪山神庙

《新唐书·礼乐志二》："洗匏爵，自东升坛。"《宋史·乐志八》："匏爵斯陈，百味旨酒。"匏爵为古代祭天礼器之一，用干匏做成，用来盛酒。"后代帝王郊祀，仍用匏爵"（《大辞典》）。

葫芦酒杯在古代典籍中多有出现。随着社会的发展，科学的昌盛，尤其是西晋以后瓷器的发达，葫芦酒杯在实际生活中的应用越来越少了，但是并没有绝迹，在嗜抒思古之幽情的文人雅士阶层中流连徘徊，长久地存在。

唐代诗人郑审在筵席间得到一只葫芦酒杯，即席赋诗一首：

> 华阁与贤开，仙瓢自远来。
>
> 幽林常伴许，陋巷亦随回。
>
> 挂影怜红壁，倾心向绿杯。
>
> 何曾斟酌处，不使玉山颓。

诗中的"许"，指古代高士许由。相传尧让以天下，许由不受，遁耕于箕山。古代隐士多嗜酒，所以说葫芦瓢"幽林常伴许"。"陋巷亦随回"句，则指孔子高足颜回"一箪食，一瓢饮"典故。

唐代另一著名诗人韦应物有《答释子良史送酒瓢》诗：

> 此瓢今已到，山瓢知已空。
>
> 且饮寒塘水，遥将回也同。

苏轼《前赤壁赋》中有"驾一叶之扁舟，举匏尊以相嘱"句。匏尊，亦作"匏樽"，用葫芦做成的酒杯。

历史的车轮滚到明清之际，葫芦酒具似乎出现了一次回光返照。这一时期，种葫芦者多了起来，葫芦酒具制作艺人多了起来，使用者也多了起来。明大学士、泰安人宋焘有诗云："匏樽藏美酝，龙井试新茶"（《夏日明川家兄招饮西园》）。
朱曰藩有《家园种壶作》诗一首：

> 春柳半含黄，春鸠屋上啼。
> 弱苗何日引，长柄得谁携。
> 瓠落非无用，鸱夷爱滑稽。
> 挥锄不觉倦，新月在楼西。

鸱夷，古代的酒具。《汉书·陈遵传》："鸱夷滑稽，腹如大壶，尽日盛酒，人复借酤。"颜师古注："鸱夷，韦囊，以盛酒。"

明末清初时期，出现了不少葫芦酒具制作高手，如浙江嘉兴的王应芳、周五峰、巢鸣盛等。他们隐居山野，绕屋种匏，"霜落摘置几案间"，自得其乐。巢鸣盛有五言诗《题匏杯》：

> 回也资瓢饮，悠然见古风。
> 剖心香自发，刮垢力须攻。
> 不识金银气，何如陶冶工。
> 尼丘蔬水意，乐亦在其中。

时至今日，直接用葫芦盛酒的是不多了，只在偏远山区偶尔可见年长老人携葫芦去代销店打酒的现象。尽管社会文明、科学进步，但是好像美酒还是离不开葫芦。君不见，有多少酒瓶设计为葫芦形，有多少酒壶制作成葫芦状，《水浒传》中武松打虎的地方——山东省阳谷县出产的"景阳冈酒"的瓶颈上，就拴了一只金黄色的塑料小葫芦儿。

3. 盛油

用葫芦盛油，有两种方式：一是容器，一是量具。

宋代大文学家欧阳修有一篇著名的散文《卖油翁》，是这样来描述卖油老汉的非凡技艺的："取一葫芦置于地，以钱覆其口，徐以勺酌油沥之，自钱孔入而钱不湿。"这只葫芦是容器。

民间卖油的量具，俗称"提子"。有一种葫芦状提子，以铜或铁片制成，顶部一侧开口，称为"油葫芦"。考其形状，其雏形为匏似无疑。冀鲁豫3省交界地区流传着一则"一葫芦四两，四葫芦半斤"的笑话。说的是，一个油坊主的儿子不会算账，第一次出门卖油，大声吆喝："一葫芦四两，四葫芦半斤！"（旧制1斤为16两）买油的人蜂拥而至，都半斤半斤地买。油很快卖光了，卖油郎很高兴。如此卖了好几天，父母觉得不对劲儿，问清了缘由，便骂儿子不中用。谁知卖油郎自此之后，仍然"一葫芦四两，四葫芦半斤"那样喊，那样卖，却居然发了大财。原来，他多了个心眼儿——往油篓里加水。

4. 盛衣物

《庄子·逍遥游》："魏王遗我大瓠之种，我树之成而实五石。"前面已经说过，能盛5石粮食的葫芦有可能培育成功。特别大的葫芦，可以派特殊用场。《永乐大典》引《琐碎录》："大瓠至冬干硬，制成盒子，可贮毛衣、红紫缎子，经久不蛀，色亦不退。"究其原因，大概是不透光，能保持干燥，不易与染料起化学反应的缘故罢。据估计，古人用葫芦作箱笼，要进行一定程度加工，采用的很可能是本书"绚烂多彩的艺术"一章中所介绍的拼接技艺，也可能是范制工艺。

5. 盛粮食

民以食为天。粮食对于人，是第一重要的。然而，在采集经济阶段，人们只会捡拾野生植物成熟的果实。《诗经·豳风·七月》："七月食瓜，八月断壶，九月叔苴。"这句诗说的是葫芦在不同月份的不同用途——七月份瓠瓜幼嫩可以食用；八月份采摘长老的果壳作壶；九月份拾取成熟的麻籽。用什么东西来盛麻籽呢？诗中没有明说，承上句就是长老的葫芦。在《诗经》产生的那个时代，青铜壶早已大量出现，除铭文记载外，典籍中也有记述。那时壶的用途相当广泛，可盛水、酒，也可盛食物、谷物。《正韵》："夏商曰尊彝，周制用壶，有方圆之异。"这些都是上层统治者使用的。至于农人，仍用葫芦作壶，则是正常的。据文献明确记载，一直到两汉之际，"庶人器用，即竹、柳、陶、匏而已"（桓宽《盐铁论》）。

由于饮食于人为第一要事，人们把葫芦当作饭碗的代名词。俗语云："信人调，丢了瓢。"比喻听信别人挑唆，受到重大损失。《金瓶梅词话》第81回："说俺转了主子的钱了，架俺一篇是非，正是割股的也不知，拈香的也不知。自古'信人调，丢了瓢。'"

《齐民要术》是我国完整保存至今最早的一部古农书，北魏益都人贾思勰撰。其中介绍了一种播种工具，名为"窍瓠"。其制作方法是：选取形体较大的葫芦（以短柄者为佳），待干后在两端各开一孔（下孔比上孔略微大些，以防葫芦从木棍上滑落），插入一根上细下粗的木棍，以与葫芦两端的孔严丝合缝为度。木棍的上下两端要露出葫芦体。上端较长，为操作的手柄；下端较短，削成尖状，通常镶以薄铁片，以顺利插入土中。木棍自手柄以下挖一条槽子，是种子漏下的通道。为省却挖槽之力，也可以用竹竿代替木棍。播种时，将窍瓠系在腰间，种子放入葫芦里，顺着开好的沟垄一边走，一边用木棍敲击窍瓠的柄，葫芦里的种子就会不断地落入沟内。窍瓠也可用来点播，把尖端插入土中，稍加振动即可。（图8）使用窍瓠有许多好处：除较手工撒种提高工效外，还有利于农作物的生长，因为"覆土既深，虽暴雨不致拍挞，暑夏最为能旱，且便于撮锄，苗亦鬯（chàng 唱）茂"（《农器图谱集》）。这种1000多年前创制的农具，一直到解放初期，山东有的地方还在使用，称为"点葫芦"。

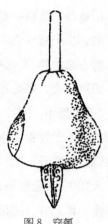

图8　窍瓠

6. 盛鸣虫

看到"盛鸣虫"这个小标题，读者可能会联想起蒲松龄《聊斋志异·促织》中成名一家因蟋蟀而发生的悲剧故事。其实，《促织》中的蟋蟀的主要身份是斗虫，是疆场厮杀的"武将"，阵前搏斗的"勇士"，而这里说的鸣虫，是或低声吟唱或引吭高歌的"歌唱家"（当然，蟋蟀也是鸣虫的一种）。畜养斗虫主要用泥罐，而畜养鸣虫主要用葫芦。

鸣虫即善鸣之虫。大致可分为3大类，即：（1）蟋蟀类，如油葫芦、斗蟋蟀、金钟及各种铃虫；（2）螽斯类，如蝈蝈、扎嘴儿、纺织娘；（3）蝉类。鸣虫以鸣声娱人，又无斗虫所致的破财之忧，因而更得文人雅士和普通百姓的喜爱。传统畜养的，以蟋蟀和蝈蝈为主。

畜养鸣虫，意在聆听天籁之音，体会返璞归真、回归自然的情趣。因此，在各种材料、各种造型的虫具家族中，葫芦以其天然之美独树一帜，备受青睐。经过几百年十几代人的不懈努力，葫芦虫具逐渐发展成为一种特种工艺品。就制作方法说，葫芦虫具可分为本长葫芦、范制葫芦、削画葫芦、镂雕葫芦、砑花葫芦等等。其中以本长葫芦为最常见。本长葫芦，指天然长成，在生长过程中不施加人工影响的葫芦虫具。清人顾禄在《桐桥倚棹录》中介绍了这种虫具的做法：

从（葫芦）初结时在枝上即扶令端正。待其长大，然后剪下，以丝绳系之，悬风中候干，雕为万眼罗及花卉之属。中剜一窍，四旁或作四穴，各嵌象牙、骨、角、玻璃为门。喜蓄秋虫之人笼虫于内，置怀间珍玩，俗呼"叫哥哥笼"。

另一种做法是，将稍大的葫芦剖为两半，于剖面蒙上薄木板，再于柢部开一拱形小门。这样，一只葫芦就可做成两个虫具。这种虫具揣入怀中时，感觉比较舒服，也不显得过于鼓囊。以上两种虫具的优点是，得之容易，制作简单，缺点是传声不佳。还有一种，系用丫腰葫芦做成。这种本长葫芦，主要利用葫芦的下腹、腰部和上腰之少半，下腹为鸣虫的居室，腰部为鸣声之通道，上腹部分形成喇叭口，起扩大音量的作用，再加上口和盖，就完成了。

制作葫芦虫具，一般要经过刮皮、截口、砸泥底、装铜胆、上口盖5道工序。(1) 刮皮：葫芦外表有一层密闭性极强的薄皮，如不及时刮掉，就会出现黑斑，既不结实了，又影响美观。所以，须及时刮皮。刮皮要用竹片慢慢地刮磨，不能过于用力，尤忌锋利的刀刃。如果葫芦已经干透或将要干透，则可用水泡或煮，刮起来就容易了。水煮法的缺点是，葫芦籽不能作种子用了。民间常用发酵法，即采摘之后，用葫芦秧子和杂草、麦秸等把葫芦蒙盖起来，一直到葫芦上长满白毛，轻轻地一擦，皮就脱落了。刮皮后，先悬于阴凉处风干，再放到日光下照晒。(2) 截口：指留下葫芦的主体部分，将无用的部分截去。要仔细计算，准确确定截取位置，用铅笔画好线。选用料口小即最薄的锯条，或用凹形刀，慢慢地划开。(3) 砸泥底：即在葫芦的底部实以泥土。这道工序为蟋蟀葫芦所独有。因蟋蟀属阴虫，原本生活在泥土之中，这是一种补救性措施。须用"三合土"，即黄胶泥、细沙、陈年石灰各一份，掺雨水和成，揉成面团状。泥底不是水平的，应做成与底部水平线呈 45°～50°夹角的斜面；斜面的中央稍呈凹陷，周围要与葫芦内壁结合紧密而光滑。(4) 装铜胆：即在葫芦口内侧卡一只簧。这道工序为蝈蝈葫芦所专有。簧为响铜丝做成，下端盘作蚊香状，上端绕成与葫芦口径一样大小的圆圈儿，卡在葫芦口内侧。装铜胆有两个作用：一是共鸣器，当蝈蝈鸣叫时，铜丝簧产生共振，能使虫鸣声更加悦耳动听；二是栅栏，将蝈蝈挡住，不让它爬到葫芦口来，以免损伤肢须。(5) 上口盖：口，就是黏合在葫芦口部、与盖相开合的圆环，其质地一般为木头或象牙；盖，就是控制鸣虫出入的门栅，一般为与口配套的木质或牙质，另有一种为匏质。为便于鸣虫呼吸，使叫声传得出来，盖（即蒙子）的中心部位需做镂空处理。为增强装饰效果，蒙心多用椰子壳制成，也有玉石、象牙、玳瑁、翡翠、玛瑙等名贵材质。

7. 盛药品

用葫芦盛药品，可以起到密闭避光、保持一定温度、避免化学反应等作用，是理想的盛器。王祯《农书》中说："瓠之用途甚广……丫腰者可盛药饵。"历史发展至今天，仍有一些药品的外包装设计为葫芦形，如天津出产的"速效救心丸"。广西柳州出产的药物牙膏"两面针"，其注册商标是"仙葫"。1997 年春夏之交播出的电视连续剧《胡雪岩》中，胡庆余堂的匠师们所穿工作服正面都有葫芦图案。

《后汉书·方术传》中有关于壶公用葫芦盛药、带费长房修道的传说故事，详见本书"救死扶伤的药材"一章。

8. 做勺子

葫芦还可以做勺子。民谚："一只葫芦解俩瓢。"瓢，剖葫芦硬壳制成用以取水浆或米面的工具，从古至今沿用不辍。陶潜《祭从弟敬远文》："冬无缊褐，夏渴瓢箪。"《南齐书·东昏本纪》："驰骋渴乏，辄下马解取腰边蠡器，酌水饮之。"蠡器，即葫芦瓢，也就是葫芦剖开而成的勺子。《后汉书·礼仪志下》："匏勺……容一升。"说明了古时祭天所用葫芦瓢的容量标准。勺子是过渡性盛器，担负的任务一般是把这里的液体（如水、油、酒）转移到那里去。我国许多地方至今把勺子呼为"瓢",把汤匙呼作"瓢根",如武汉地区。

9. 趣事异闻

葫芦作为盛器,还有许多趣事异闻。

(1) 瓠史。《事物异名录》载:梁朝有一位僧人,南渡时带着一只葫芦,里面装的是班固所写《汉书》真本。宣城太史得到之后,称之为"瓠史"。从这以后,"瓠史"成为史籍真本的代名词。

(2) 壶天。《云笈七笺·二八》中说:"施存,鲁人,夫子弟子……常悬一壶,如五升器大,变化为天地,中有日月,如世间,夜宿其内,自号'壶天'。"

(3) 吟诗。《云仙杂记》引《诗源指诀》:"王筠好弄葫芦,每吟诗,则注于葫,倾已复注。若掷之于地,则诗成矣。"

(4) 防秃。笔者家乡山东莘县有这样的风俗:农家收获葫芦剖开作瓢,必须送一只给别的人家,否则生下孩子会秃头。

(5) 灞水。西晋张华《博物志·物理》说:"庭州灞水,以金银铁器盛之皆漏,唯瓠卢则不漏。"对这一奇异现象,南朝宋刘敬叔《异苑》卷2作了补充:

> 西域苟夷国山上有石骆驼,腹下出水,以金银及手承之,即便对过(漏),唯瓠卢盛之则得。饮之,令人身

体香泽而升仙。其国神秘不可数遇。

（6）金液浆。葫芦是道家的崇拜物，《千金月令》把它吹捧成可以飞升成仙的"神品"。

> 冬至日，取葫芦盛葱根茎汁，埋于庭中。夏至发开，尽为水，以渍金、玉、银、石青各三分，自消曝干如饴，可休粮，久服神仙。名曰"金液浆"。

（7）葫芦壶。我国是最早种植和利用茶树的国家，故茶道甚精。明清两朝，泰安所用紫砂茶具，以鱼龙壶、瓠瓜壶、柿饼壶为多，尤喜端庄挺拔的高庄葫芦壶。乾隆登泰山时随侍的"泰山书画使"郑板桥在葫芦壶上题诗道：

> 嘴尖肚大耳偏高，才免饥寒便自豪。
>
> 量小不堪容大物，两三寸水起波涛。

（8）铜扒壶。民间喜欢在葫芦壶上敲出裂纹，再锔上细密的亮铜扒子，别有一种残缺美的韵致。泰山盘道正路朝阳洞一关姓山民珍藏一只锔有400多个铜扒子的葫芦壶，视为传家之宝，从不轻易示人。

（9）挑鱼苗。居住在云南境内红河谷山梁上的彝族支系仆拉人，历来有培养红尾鲤鱼出售的传统。他们挑鱼苗既不用木桶，也不用铁桶，而是用横剖的半截葫芦盆。据他们说，用木桶、铁桶挑的鱼苗容易死，即使不死的，也不容易长大；用葫芦挑的则好养活，容易长大。

（10）滤酒器。佤族有"无酒不成礼"之说，一般喝自制的水酒。水酒的制作方法是：将小红米、高粱、玉米等杂粮煮熟晾干，拌上酒曲，装入坛内，使其发酵，七八天后即可饮用。饮用时，只需将水灌入坛中，浸泡十几分钟，嗅到有酒香气味，即可用金竹做的吸管将酒吸出。喝完之后，可再灌水、吸出，再饮，直到没有酒味为止。如饮酒人不多，则可将酒料取出一些，放入用葫芦做的滤酒器中，加水滤出后即可饮用。水酒略带苦味，味醇性平，清凉可口，具有健脾胃、助消化之功效，且浓度又低，深受低族人喜爱。

（二）陶器的鼻祖

大家知道，在盛器这个大家族中，有一个非常重要的成员——陶器。陶器由黏土或加石英经成形、干燥、烧制而成，新石器时代开始大量出现。它是当时人类的主要生活用具之一，并下启美轮美奂的瓷器世界。我国古代有"神农作瓦器陶"、"黄帝以宁封为陶正"和"舜陶于水滨"等传说，证明先民非常重视陶器生产。目前发现的最早的陶器实物，出土于河南新郑裴李岗、河北武安磁山、江西万年仙人洞和广西桂林甑皮岩等遗址，距今已有七八千年或说近 1 万年了。恩格斯在《家庭、私有制和国家的起源》一书中说，人类发明制陶术是蒙昧时代结束，野蛮时代开始的标志。

物皆有源。那么，陶器的源头在哪里？是什么契机使先民们发明了它？传统的观点认为：陶器的发明是由于在编织的容器上涂上黏土，使之能够耐火而产生的，即由于涂有黏土的编织篮子经过火烧后形成不易透水的容器，从而启发了人们把黏土塑造成型，经过火烧而成。① 笔者认为：陶器的源头不是编织的篮子，而是葫芦。当是受葫芦的启示，华夏大地上才有了仰韶文化时期的陶制壶、鬶、豆、觯、杯，才有了青铜文化时代的尊、罍、瓴、爵、卣，乃至后世各种材料制成的坛、罐、瓮、缸、瓶等。

1. 文字学辨析

我们知道，各种类型文字的早期阶段，都是用单个图形或若干图形的组合来记事，图形本身即能表明意义。尤其是汉字，它是一种具有悠久历史和富有表意特性的文字，在记

---

① 刘凤君：《中国古代陶瓷艺术》，山东教育出版社，1990 年版，第 1 页。

录汉语的数千年历史过程中，也记录了汉民族的其他历史文化内容。从这个意义上说，汉字堪称汉民族历史的活化石，在音、形、义诸方面都蕴含着华夏祖先文明的信息。我们可以从汉字的部件、构造及演变过程，窥见通过其他途径所不能了解的古代世界，通过对这些密码的解读，破译远古祖先留下的诸多"之谜"。

葫芦，又称"瓠"。《说文通训定声》："瓠即壶卢之合音。"《韩非子》记有齐居士田仲语："夫瓠所贵者，谓其可以盛也。"葫芦还称"壶"。《诗经》毛传："壶，瓠也。"王力先生认为："壶瓠同音，壶是瓠的假借字。壶卢就是葫芦。"汉代的许慎说："壶，昆吾圜器也。象形，**大**像其盖也。"（《说文》）此说诚然不错，但有"抓了芝麻，丢了西瓜"之嫌。壶，小篆作"**壺**"。对壶字象形的说解，除"**大**像其盖"外，还应该有"**⇔**表示葫芦体，**⌒**为葫芦嘴"之类的话。

《吕氏春秋·君守》："昆吾作陶。"高诱注："昆吾，颛顼之后，吴回之孙，陆终之子，己姓也。为夏伯制作陶冶埏（shān 山）埴（zhí 直）为器。"由引文可知，昆吾是制作陶器的祖师。那么，这个神话中的人物，其原型又是什么呢？答案是葫芦。从音韵学上说，"昆吾"是"葫芦"的音转，速读则为"壶"或"瓠"。古时书面语中没有"葫芦"一词，《说文解字》就没有收入"葫"字。葫芦由野生进入人工栽培阶段以后，一般要攀缘在篱笆上，所以，《世本·帝系篇》说："陆终娶于鬼方氏妹……孕三年而不育，剖其左肋，获三人焉，剖其右肋，获三人焉，其一曰樊，是为昆吾。"樊就是篱笆。葫芦作为一种阔叶植物，其生存一时一刻离不开水，所以，《山海经·大荒西经》中说："大荒之中有龙山，日月所入，有三泽水，名曰'三淖'，昆吾之所食也。"

对于证明葫芦是陶器的鼻祖这一论点，最有说服力的，是古代的盛器觚。《论语·雍也》："子曰：'觚不觚，觚哉！觚哉！'"孔颖达疏引《五经异义》："古周礼说：爵一升，觚二升。献以爵而酬以觚。"觚是古时的一种酒具，口呈喇叭形，细腰，高圈足，盛行于商代与西周初期，绵延至西周中期。从它身上，我们能明显地看到葫芦的影子。《汉书·司马相如传上》："东蘠雕胡，莲藕觚卢。"注："觚卢，扈鲁也。"补注："觚卢即瓠芦。

图9 觚

瓠卢、瓠㠯、扈鲁，并一声之转。"从文字学角度看，瓠从角亦从瓜，当是盛器由葫芦向其他材料演变的代表。(图9)

2. 形状比较

在民族学、民俗学等学科的研究过程中，不少学者发现了葫芦与后世盛器的渊源关系。在这一方面见解最高的，当推中国社会科学院民族研究所刘尧汉教授。他从现实的民族学资料出发，联系有关的文献记载以及考古资料，得出"人类历史上曾有过葫芦容器时代"的结论。

刘尧汉先生认为，葫芦成为原始人简单易制而又轻便的盛器，是它的形状和性能决定的，人们对形状不同的葫芦以不同方式割截，便可得到各种形状的盛器。葫芦及其盛器形状如下图 (图10)：

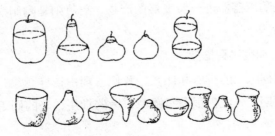

图10 葫芦及其盛器形状

刘尧汉先生继而说，我国中原、东北、西北、东南和南方各地出土新石器时代的陶制盛器，如壶、瓶、盂、缸、豆、盆、尊、钵等等，它们的形状都类似葫芦盛器，不同的地方，仅仅是为了便于提携或放置稳当，有一些再加耳、添足、置底而已。他举了几个例子，绘图如下（图11）：

图 11　新石器时代陶制盛器

在上述论证的基础上，刘尧汉先生进而下断语说：其他陶制盛器也无非是上列十几种葫芦盛器的多样化变形。陶制盛器是葫芦盛器进一步发展的产物，葫芦则是陶制盛器的天然模型。①

3. 演变过程推理

根据以上的辨析和比较，我们有理由这样想象：在原始社会早期，先民们很看重葫芦，嫩的食用，老的则用石制砍

————

① 刘尧汉：《论中华葫芦文化》，《民间文学论坛》1987 年第 3 期。

削器除去柢部，用来盛采取到的植物果实，或用来盛水。随着人类的逐渐开化，生产力也在逐步提高，由单纯的采集经济进展到采集渔猎经济，继而跃进到主要从事增加天然产物的农牧生产经济。

在这一过程中，葫芦作为食物的重要性在逐渐减弱，作为盛器的价值则越来越突出。"夫瓠所贵者，谓其可以盛也"（《韩非子》），就是对这一变化的总结。

在相当长的历史时期内，葫芦作为盛器中的主要者，一直在陪伴着我们的祖先。但久而久之，也许是自然界的葫芦不敷以用，也许是觉得不尽如人意，于是他们就仿照葫芦的样子，用泥巴捏制。泥巴盛器不坚固，易损易坏，尤其是容易被雨水淋毁，他们就用火烧。于是就出现了陶器，人类文明迈出了重要一步。《淮南子·说山训》："见窾（kuǎn 款）木浮而知为舟。"我们说"睹葫芦器而知为陶"，也该是成立的。可资征信的是，仰韶文化遗址出土有不少葫芦状陶器。陕西眉县杨家村古墓葬曾出土一批粗陶酒具，经 C_{14} 断代，距今5800～6000 年之间，是仰韶文化中期的遗物。距葫芦河不远的甘肃秦安县五营乡大地湾原始文化遗址，曾发掘出大批制作于 7000 年前的陶器，其中以葫芦瓶和人首瓶最具代表性。

人首瓶的瓶口部分为人头状，瓶身呈葫芦形。

在提出陶器起源"仿葫芦"说的同时，笔者对传统的"涂泥巴"说也不敢完全否定。即使"涂泥巴"说成立，但是当初的泥巴涂在了什么东西上，也值得商榷。应该是涂在葫芦上，而不是其他。葫芦是天然的，也是人类最早的盛器。闻一多先生"古器物先有匏，而刳（kū枯）木、编织、陶埴、铸冶次之"的论断，无疑是正确的。将泥巴涂在葫芦大腹之径线处，为甂（piān篇）、瓯；涂在径线以上，为瓶（bù部）、罐；涂至缢腰处，则为罌、缶……大小形状，悉如人意。不好想象，在原始之胎的选择上，祖先们会舍弃天然的而求人工的，舍弃熟悉的而求陌生的，舍弃容易的而求困难的。

近年来有人对我国少数民族的原始烹调进行了研究，列举的原始炊具计有树叶、竹筒、藤筐、果壳、牛皮等，并得出一个"新的启示"："在牛皮炊具外表涂以黏土，很可能也是陶器发明的又一个途径"① 如果从炊具的角度说，陶器起源于葫芦之说更有充分的理由。笔者曾根据物理学中的热传导原理亲自做过试验，用葫芦作炊具，直接放在火上烧，可以

---

① 夏之乾：《我国少数民族的原始杀牲和原始烹调》，《民俗研究》1991年第2期。

烧开水、做熟饭。用葫芦作炊具，还有一个优点，切下的柢部可以用来做盖子。这一点是树叶、藤筐等所不能比拟的。尽管当时人类处于蒙昧时期，对这起码的东西还是能够认识到的。

辩证唯物主义认为，人的认识是客观物质世界的映象，是对客观事物的能动的反映过程。"人类认识世界，首先是用形象思维，而不是抽象思维。"[1] 无论"仿葫芦"说、"涂泥巴"说，还是从炊具的角度说，陶器只能是起源于葫芦。当然，原始人因葫芦而发明陶器，绝不是心血来潮、一蹴而成的，恐怕是经过了数以万计的年岁。那是一个复杂、缓慢、渐进的过程。

（三）历史的回归

近半个世纪以来，科学技术飞速发展，新材料、新工艺层出不穷。人工盛器也就丰富多彩起来，铜的、铝的、合金的、不锈钢的、玻璃的、塑料的，不一而足，可谓琳琅满目。每一种新型盛器问世，便掀起一阵"热"，一度把葫芦盛器给

---

[1] 钱学森：《开展思维科学的研究》，《思维科学》1985 年第 1 期。

冷落了起来。

历史老人的脚步往往会走成一个圆。随着时间的推移，一些一度被忽视的东西复受青睐，变得时髦起来。这种现象被社会学家称作"历史的回归"。

现代文明的弊病，以及新近兴起的回归自然思潮，重新唤起了人们对葫芦的兴趣。稍微注意一下，你便可以发现身边的葫芦盛器多了起来。集市上葫芦瓢供不应求，许多人家用它舀水、盛粥、挖面，或在其腹部钻上圆孔，凿上条孔，做成漏瓢，制作粉条、粉丝；葫芦虫具多姿多彩，济南市南门花鸟虫鱼市场有一件范制品开价 2000 元；远足旅游或下地干活，也多有用葫芦装水以解渴者。对葫芦的嗜爱渗透进现代工业化生产中去，许多盛器设计成葫芦形，如茶具、酒具、药瓶等，形成了原始形状与现代科技的谐调结合，使人们时时追寻那远古的记忆。

家庭主妇对葫芦盛器有着固执的偏爱。她们说：还是用葫芦瓢好，一是轻便结实，即使掉到地上也不会破碎；二是用它淘米容易把沙石过滤出来，原因是水瓢用过一段时间，底部会凹凸不平，米中的砂子就会滞留瓢底。

《齐鲁晚报》1991 年 10 月 16 日报道，葫芦瓢走俏泰安城。文章说，在摆放着平面直角彩电、录像机、高档组合家具的一些泰城居民家中，已经消失了几十年的葫芦瓢重新出现。泰城人普遍认为，使用这些传统的用具，能保持食品的原味，防止现代文明病。泰山无线电总厂一位女工从报纸上看到关于长期使用铝制品对孩子的大脑有损害的报道后，马上去农贸市场花两元钱买了一只葫芦瓢，她还计划将厨房用具大部分换成传统型的。

济南植物园内的"葫芦居"酒店，环境幽雅，充满浓郁的文化色彩。店外的路灯是葫芦形，桌上的火锅是葫芦形，茶壶也是葫芦形，连门前的小湖、湖中的小岛，都是葫芦形。这家酒店以这一特点吸引了大批食客。

三 形形色色的乐器

音乐作为一种通过一定形式的音响组合，表现人们的思想感情和生活情态的艺术形式，作为一种重要的文化现象，也与葫芦结下了不解之缘。音乐是听觉艺术，必须通过可以发出乐音的器具的演奏，才能产生艺术效果，而葫芦就是制作乐器的基本材料之一。

《简明不列颠百科全书》称：葫芦，"成熟后壳硬，可做瓶、瓢、匙羹等用具，以及鸟巢、小装饰品、灯具及乐器等。"古之八音，是金、石、丝、竹、匏、土、革、木的合称，金为钟，石为磬，丝为琴瑟，竹为箫管，匏为笙竽，土为埙，革为鼓，木为柷敔。《尔雅翼·释革匏》中说："匏在八音之一。古者笙十三簧，竽三十六簧，皆列管匏内，施簧管端。"其实，除笙、竽外，葫芦还同其他多种民族乐器有着密切的渊源关系。

葫芦乐器经过了由发生、发展至鼎盛再至衰退又回归复兴的历程，伴随着民族发展的脚步走过了几千年的时光隧道，表达了或正在表达世世代代人们的喜怒哀乐。

（一）从《当芦笙响起的时候》说起

著名作家彭荆风 1954 年发表的短篇小说《当芦笙响起的时候》，视角独特，笔调清新，在当时产生了不小的轰动。它讲述了这样一个幽怨而又悲壮的故事：

> 1943 年，遭遇了百年不遇的大旱。生活在西南边陲崇山峻岭之中的拉祜族当时尚处于刀耕火种的原始阶段，抵御自然灾害的能力非常弱，粮食颗粒无收，只能靠吃野芭蕉根活命。然而，狠心的国民党依然横征暴敛，交不上粮食就抓人、杀人。在优秀猎手扎妥和阿七的带领下，拉祜人拷上弩箭，手持腰刀，在一个风高月黑之夜冲进国民党军连部，把那些老黄狗杀了个精光。过了几天，县城里开出来好几百人，肩上扛着洋枪，战马驮着大炮，要血洗拉祜寨。拉祜人进行了英勇的反抗，但最终失败了，寨子给烧光了，人也被杀死了大半。阿七腿

部中弹，早早被送下火线，扎妥领着剩下的十来个人逃进了原始森林。

这里是热带雨林区，植物种类繁多，地形复杂，非土著人是进得来走不出去。扎妥他们以这里为根据地，不断去袭击国民党军队，有一次还缴获了 20 驮子盐巴。后来，国民党兵打扮成拉祜族人模样，又收买了一个叛徒，叫他带路偷偷地摸了进来。扎妥他们是老实人，当时给蒙住了，十来个人都给打死了。只有扎妥凭着高超的本领，像猿猴一样从大树顶上一树跳一树逃脱了。从此，他断绝了出山的念头，过起了野人生活。寨子里的人都以为他不在人世了。

10 年过去了，祖国各地掀起了社会主义建设热潮。人民解放军一个排护送一支勘察队踏进了这片原始森林。有一天正行进间，一位断后的战士忽然负伤倒地——被一枝弩箭射中了腿骨。就在部队搜索的过程中，向导阿七大爹在一座用树枝和野芭蕉叶子搭成的小窝棚里发现了一只非常精巧的葫芦笙。

漫山遍野都是喊声，部队已经发现了"敌人"——悬崖上站着一个长发披肩、裹着兽皮的野人，紧握着一把弩弓，眼睛里射出仇恨的光芒。看样子，只要拿枪的人再靠近一点儿，他就会舍身跳崖。

阿七大爹跌跌撞撞地跑过来，声嘶力竭地呼喊："别开枪，千万别开枪！"他对排长说，悬崖上的人就是这只葫芦笙的主人、拉祜族的英雄扎妥。排长说："快请他下来吧，解放了还能让他在山上受苦？"于是山谷里又响起了呐喊声："扎妥，不要怕，是自己人！"但是，战士们嗓子都喊哑了，那人还是没有回答，依旧临风而立，像一座石头雕像。

阿七大爹急中生智，把葫芦笙放在嘴唇边轻轻地吹了起来。那乐声忽高忽低，忽强忽弱，一阵澎湃激昂过后，突然转入缓慢低沉……这是拉祜族几千年流传下来的古曲，能使相互陌生的人很快达成心灵沟通。

果然，慢慢地，扎妥的表情趋于平静，弩箭终于从他手中掉了下来。人们欢呼着跑上去，拥住了扎妥……①这个故事中的芦笙，就是葫芦笙，也就是用葫芦做成的笙。这种乐器在彝、佤、怒、傣、拉祜、纳西等十几个少数民

---

① 见彭荆风等著《当芦笙响起的时候》，作家出版社，1955年版。

族中广泛流传，是被誉为"歌舞音乐的海洋"的西南边陲地区少数民族音乐中的一种重要乐器。

（二）葫芦与笙

1. 笙的制作

葫芦笙有多种形体，但万变不离其宗，即笙斗为葫芦制成，笙管为竹所制。具体一点儿说，就是用小葫芦或半截葫芦挖空作音斗（即音箱），上插竹管（一般为五六支），竹管的根部嵌有竹或铜质的长方形簧片，竹管侧面开有音孔。演奏时口吹开在葫芦柢端的吹孔，用手指按音孔，每根竹管一般发一个音。

因民族传统不同，葫芦笙的具体构件和制作工艺也不尽相同。有的只有两三支管子；有的竟多达 20 余支，可达两个 8 度又 5 度的音域；有的在每两三支竹管上顶加套竹管或小葫芦，为共鸣器，以增大音量，改善音质；有的竹管下端的孔洞也发音，一枝管子可以吹出两个音来。

古人对于做笙有着深入的研究，积累了丰富的经验。西晋时人崔豹在《古今注》中说："匏，瓠也，有柄曰悬匏，可为笙。曲沃（在今山西省南部）者尤善。"潘安仁《笙赋》：

"曲沃悬匏，汶阳匏筱，皆笙之材。"悬匏，即葫芦下器呈球形而有长颈者，又称鹤瓠、长颈葫芦、龙胆瓜等。曲沃是古代地名，在今山西省南部。曲沃葫芦因为有这一价值，被誉为"河汾之宝"（《尔雅翼》）。汶阳，今湖北远安县北一带。匏筱，即可用为匏类乐器发音管的竹子。王廙（yì 异）《笙赋》中说："其制器也，则取不周①之竹，曾城（唐置县，在今湖南省黔阳一带）之匏。"关于笙管的选择，《寰宇记》引《九州记》："金门之竹，可以为律管。"金门，即金门山，在今河南省洛宁县西南，又名律管山。

2. 葫芦笙舞

西南地区少数民族同胞经常随身携带葫芦笙，在探亲访友、赶场趁墟的途中，在劳动休息时，便随时随地吹奏起来。在"打歌"、"跳歌"、"跳月"等民族集体舞蹈活动中，葫芦笙更是不可缺少的伴奏主力。1890 年，云南双江拉祜族人民曾以葫芦笙舞为名号召起义，反抗清政府的统治。

每年春二三月，桃李花开之际，在月光明媚的夜晚，苗、

---

① 此地名不详。《淮南子·天文训》："昔者共工与颛顼争为帝，怒而触不周之山。"《山海经》："大荒之隅，有山而不合，名曰不周。"并谓不周山为葱岭、于阗两水之限，在今昆仑山之西北。

侗、彝、拉祜等民族的少年男女，都穿着节日的盛装，集合在叫作"月场"的田间村头平地上，踩着悠扬悦耳的芦笙曲，绕着圈子，踏歌跳舞，叫作"跳月"（图12）。或者是两人对舞，男的吹着葫芦笙在前面引导，女的抖动着衣服上缀着的响铃在后面跟随，盘旋舞蹈，终宵不倦。如果双方跳得情投意合了，就手牵着手，离开喧闹的人群，到隐蔽秘密的地方去。

图12　匏笙舞（古代铜鼓画像）

广西三江一带的侗族，每两年制作一次葫芦笙，相应地每两年举行一次芦笙舞活动。这一活动持续四五天，多于农历八月十五日形成高潮。人们手里捧着葫芦笙，边吹边跳，有时多达两万人。这是一个十分宏大壮观的场面。兴致高涨之时，姑娘们就把早已准备好的花带系到自己看中的小伙子的葫芦笙上，作为定情信物。除芦笙舞外，还要表演芦笙拳。在葫芦笙伴奏下，运动员半舞半拳，动静分明，刚柔相济，造型优美。

除上述集体活动外，也有单独进行活动的。少年男子为了寻找意中人，或邀约情人到野外幽会，便于傍晚时分沿街吹奏葫芦笙，用约定俗成的音乐语言表达"凤求凰"的愿望，或用只有两个人听得懂的暗号般音谱告诉情人什么时间到哪里去会面。正如唐朝人樊绰写的《云南志》中所说的那样："南诏少男子弟暮夜游行闾巷，吹葫芦笙，或吹树叶。声韵之中，皆寄情言，用相呼召。"

3. "葫芦说话"

在我国少数民族中比较广泛地存在"乐器说话"现象，也就是以乐器为媒介，并行利用语言和音乐材料，进行有声交际。如彝族（木基人）称用木叶说话为"撒列迷嘎贝"，瑶族称用木唢呐说话为"蕃摆瓦"，而苗族把用葫芦笙说话叫作"海根秀"。

在贵州省凯里、丹寨等苗族同胞聚居地，有一种称为"戈筛朔"的芦笙齐奏曲。这是一种甲寨芦笙队到乙寨吹芦笙时，向乙寨姑娘们讨要花带的调子。如果芦笙队中有人没得到花带，乐手们就不停地吹："快快送来呀！快送根漂亮的花带让我们带回去吧！"直到大家都得到了花带，才改吹"感谢调"。如果最终有人仍未得到花带，他们就会用芦笙骂人："笨妹子，懒妹子，断手脚，不会绣花！"芦笙队的小伙子看到漂亮姑娘，也可能会吹起游方调"戈闹弄"："姑娘呀，不要结婚，我们一起玩到老。"

每年旧历的七月中旬，贵州省黎平县境内的侗族都要举行芦笙比赛，会期长达十几天。各寨都要组织一支芦笙队，轮流到其他寨子进行比赛，途中须经过诸多村寨，凡过寨子一定要奏"同达调"。"同达调"的主要内容是：对不起了，我们今天要去某寨比芦笙，从贵寨经过，请你们同我们一起去吧！根据所经过寨子的大小，曲调演奏的遍数是有区别的，一般是大寨五遍，中寨三遍，小寨二遍。而村寨的大小，过去根据耕牛的多少来确定，所以须在节日前派专人去打听。现在吹奏的遍数大多根据以前认定的等级来安排。经过人家寨子时不吹"同达调"，即被认为是对人家寨子不尊重；吹的遍数与等级不符，则被认为对人家寨子不了解，都会受到惩罚——轻者被拦路，不让人马通过，重者会断绝两寨的交往。

苗族人结婚有欢宴三天三夜的习俗，每天夜晚都要由庚哈卓（意即"芦笙之王"，吹葫芦笙水平最高的人）通过芦笙说话调向年轻人讲述部族迁徙史以及有关开天辟地的传说故事，传授生产、生活等方面的知识。新郎和新娘必须侍坐于庚哈卓两旁洗耳恭听，并毕恭毕敬地斟茶倒水。这样的演奏有的延续4～5个小时，新郎和新娘如果打瞌睡或擅自离开，就会受到社会舆论的谴责。

德昂族有一支"芦笙哀调"曲子，又称"泪水调"，来源于一个凄凄惨惨的传说：

> 男青年昆撒乐与姑娘欧比木产生了爱情，但姑娘的父亲嫌男方家贫，不同意这门亲事。为了割断女儿的情丝，就在田头搭了个窝棚，让女儿在那里看守稻田。昆撒乐从此找不见姑娘的踪影，便夜夜来到姑娘家竹楼下，吹着葫芦笙，乐音哀婉凄惨。凄惨的乐音打动了姑娘的母亲，她走下竹楼，告知女儿的去处。昆撒乐飞快地赶到稻田边，看到的却是一只金钱豹正在啃嚼欧比木骨头的惨景。他悲痛万分，拔刀杀死了豹子，把欧比木的项圈、腰箍和筒帕挂在她平日舂米的木碓头部，把豹子的头和尾挂在木碓尾部，便坐在碓窝旁吹起了葫芦笙："心爱的姑娘呀，我赶来窝棚找你，却遇到豹子把你撕咬，

我虽然杀死了豹子，却无法把你救活。我后悔当初与你相好，我的爱情竟给你带来灾祸。我在木碓旁吹芦笙，泪水淌了半碓窝。姑娘呀，你死得多惨，这全是你爹的过错。他用烧红的铁块把我们隔开，使两颗相爱的心饱受折磨。姑娘呀姑娘，你死了我也要变成泥土。我的心像一块石头断成了两截，还怎么能在世上活着？"

悲凄惨痛的芦笙调，充满昆撒乐对欧比木的深切怀念，对不合理婚姻制度愤怒的控诉。每当年轻小伙儿因父母干预而导致爱情挫折时，便吹起这首"芦笙哀调"。为父母者听了，则会反思自己的行为。

傣族常用筚朗叨吹奏约会的信号。"筚"是傣族吹管乐器的总称，"朗"是直吹，"叨"意为葫芦，"筚朗叨"直译为"带葫芦直吹的筚"，大致与葫芦丝差不多。傣族商人可以在做生意时用筚朗叨讨价还价。至于苗族人用葫芦笙问路、聊天，那就更是家常便饭了。

乐器说话使人们的听觉器官得到延伸、扩展，能促进远距离范围人际的交往、沟通，发挥自然口语不可能实现的传递功能，使信息传播的空间局限得以突破。在特殊的语言环境中，乐器说话还可以起到隐语、密码的作用。除上述社会交际外，乐器说话还是许多少数民族情侣之间爱情交往的重要媒介，使天下有情人终成眷属。葫芦做成的笙在这种文化现象中扮演了很重要的角色。至于拉祜族在久旱不雨时，吹奏葫芦笙"与天通话"，求天神普降甘霖，则更充满神秘色彩，从中可以窥见上古葫芦崇拜的遗迹。

4. 追本溯源话历史

苗族一则神话说：天帝派最小的女儿下凡造人。有兄弟俩向天帝索要娱乐工具，天帝之女用自己的手臂化作一只葫芦笙。天帝将葫芦笙交给两兄弟，说：这就是你们的母亲，她会给你们带来幸福的。

葫芦笙这一民族乐器的历史十分悠久，在古代文献中有不少记载。

《礼记·郊特牲·匏竹在下》注："匏，笙也。"《白虎通·礼乐篇》："瓠曰笙。"关于笙的形状，《说文》称："像凤之身也。"关于笙的用途，《诗经·小雅》载："我有嘉宾，鼓瑟吹笙。"可见多用于接迎、宴客等隆重而欢乐的场合。那么，笙这种乐器为什么叫"笙"呢？《圣门乐志·乐器名义》解释得很清楚："笙……其母用匏。匏之为物，其性轻而浮，其中虚而通。笙则以匏为身，植管匏中，像植物之生，故名曰笙。"

有关葫芦笙演奏场面的描述，多见于反映西南地区少数民族风情的资料。唐昭宗时任广州司马的刘恂在《岭表录异》中说："交趾（今广东、广西的大部以及越南北部、中部）人多取无柄之瓠，割而为笙，上安十三簧。吹之音韵清响，雅合律吕。"《新唐书·南诏传》记载唐代云南有 4 管葫芦笙，"吹瓢笙，笙四管，酒至客前，以笙推盏劝釂"——用笙吹奏劝酒歌，请客人多喝酒。宋朱辅《溪蛮丛笑》说："蛮所吹葫芦笙，匏瓠余意，但列管六，与《说文》十三簧不同耳。"《宋史·蛮夷传·西南诸夷》则记有："上因令作本国歌舞，一人吹瓢笙，如蚊蚋声。"

考证器物之渊源，除了从古代典籍中寻找文字记载，从民俗事项中觅取蛛丝马迹外，最有说服力的就是考古发掘了。

解放以前，葫芦笙于古墓葬中屡有发现，但由于发掘操作不规范，或保存保护不力，绝大多数都没有流传下来。间或有传世者，也落入私人之手，以为奇货可居，秘不示人，失去了研究价值。当代著名历史学家商承祚先生曾于 1937 年在长沙见到一只战国时期的葫芦笙，记入《长沙古物闻见记》，题目作"楚匏"。文中说：

（民国）二十六年，季襄得匏一，出楚墓，通高约二十八公分，下器高约十公分。器截用葫芦之下半，前有斜曲孔六。吹管径二公分，亦为匏质。口与匏衔接处，以丝麻缠绕而后漆之。六孔当时必有簧管，非出土散佚则腐烂。吹管亦匏质，当纳幼葫芦于竹管中，长成取用。①

读这段文字，应该注意三个问题：（1）这件葫芦乐器是笙而非竽，因为"前有斜曲孔"只6个，而竽应有30多个；（2）这只葫芦笙的吹孔不是直接开在葫芦柢部，而是另接有吹管；（3）不仅斗子系"截用葫芦之下半"，连"径约二公分"的吹管"亦为匏质"，商先生并推断，"当纳幼葫芦于竹管中，长成取用"。如果推断无误，这就是葫芦范制工艺（后有专节述及）。根据湖北随县和河南潢川葫芦笙出土情况，商先生称其所见"出楚墓"、为"楚匏"是可信的。由于应用了范制工艺，艺术价值要比前两者为高。可惜的是，这件葫芦乐器当年系私人所藏，后遭毁坏，所以知之者甚少，没有人进一步加以研究。

解放以后，云南多次出土古代青铜葫芦笙音斗。这是非

---

① 金陵大学《中国文化研究所丛刊》（甲种），1939年，成都。

常可喜的收获，展示了葫芦笙悠久历史中更为古老的篇章，把葫芦笙的历史比文献记载大大提前了。

1959 年，云南省博物馆发掘了云南晋宁县（今晋宁区）石寨山西汉古墓群，出土了 3 件青铜葫芦笙。其中一件有 7 个插管孔，分两排排列。另一件为长柄直管，顶端开有吹孔，柄上有插孔6 个，或许是葫芦笙的一种，其制今已亡佚。另外，还出土了吹奏葫芦笙的铜乐俑及 8 人乐舞铜饰物，饰物上也有吹葫芦笙的乐人形象。

图 13　石寨山
葫芦笙

1964 年，云南省文物工作队在云南祥云县大波那木椁铜棺墓中发现了两件铜葫芦笙斗，呈曲管球状，插管处均为一大圆孔，球体饰有绳网状花纹。该墓经碳$_{14}$测定，为公元前 465±75年，树轮校正年代为公元前 400±75 年，时当战国初期。

1972 年于云南江川李家山第 24 号墓出土的两件青铜葫芦笙，是迄今发现的最古老的葫芦笙。这两件葫芦笙均为曲管球状，曲管顶端（即葫芦柢部）有一吹孔；球体上插管的孔洞，一件为 5 个，另一件为 7 个。特别值得一提的是编号为M24：40a 的葫芦笙，弯弯的越来越细的曲管上铸有立牛一具，造型优美，制作精细，既是乐器，又是一件不可多得的艺术珍品（图14）。此墓为春秋中晚期，距今已有 2600 多年了。

图 14　立牛葫芦笙

更为可喜的是，湖北随县和河南潢川战国古墓的发掘，逐步把葫芦笙推到了长江以北以至中原地区。这些考古发现纠正了历史学界关于葫芦笙仅出自西南边陲少数民族地区的偏见，印证了古代典籍中的诸多论述，给葫芦为笙的祖先这一论点找到了更为确凿的证据。

随县，在湖北省北部，桐柏山与大洪山之间，溳水上游。这里原是西周初年分封的诸侯国，姬姓，春秋后期成为楚的附庸，战国时灭于楚。1978 年 3 月，考古工作者在随县城西北 5 公里的擂鼓墩发掘了战国早期曾侯乙墓。不规则多边形墓坑凿成于红砂岩山冈之上，面积约 220 平方米，用方木构筑 4 个互不相通的椁室。东西两室安置彩绘棺木 23 具，除一具埋葬中年男性墓主外，其余都是殉葬的青少年女性。据专家研究，这些殉葬的女子应该是墓主人生前女乐队的成员。7000 多件随葬品中，最为难得的是保存完好的成套乐器，是我国古代音乐史上的空前发现。曲尺形铜木结构的 3 层钟架上，高高地挂着 64 件编钟和一件大镈，铭文表明，镈是公元前 433 年楚惠王赠给曾侯乙的。32 件石磬悬挂在两层的磬架上，依大小次序排列。另外，还有鼓、琴、瑟、横笛、排箫和笙，古之八音几乎都有了。其中的笙就是葫芦笙，共有 5 件。湖北省歌舞团根据这座"地下中国古代乐器博物馆"出土乐器，用相似的材料复制后，演奏出了令人惊叹的中国古典乐曲。

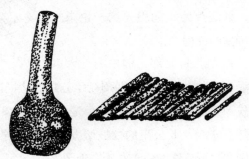

图 15 随县战国笙

潢川县，位于河南省东南部，淮河南岸，有潢河流贯全境，西南距湖北随县近 200 公里。1990 年底，河南省信阳地区文物工作者在潢川县凡岗发掘了一座战国楚墓，出土有笙、鼓、瑟等一批乐器，其中"有一件以葫芦制成、腹部有 5 个圆孔的葫芦笙，实属鲜见"①。

商承祚长沙所见以及随县、潢川葫芦笙，都出土于楚文化区，无疑是楚人好乐的反映，也是楚文化高度发展的物证。楚俗信鬼好祀，当时巫神礼仪、祭神乐舞的盛行，成为楚地音乐发达的原动力。

（三）葫芦与竽、琴

除了笙之外，民族乐器竽和琴也和葫芦有着密切的渊源关系。可以说，葫芦是竽、琴的滥觞。

1. 竽：五音之长瓠为之

说到竽这种乐器，读者自然会想起小学课本里"滥竽充数"的寓言故事。这个故事出自《韩非子·内储说上》，原文是这样的：

> 齐宣王使人吹竽，必三百人。南郭处士请为王吹竽，宣王说之，廪食以数百人。宣王死，湣王立，好一一听之，处士逃。

竽是古代的一种簧管乐器，形似笙而较大，管数也较多，

---

① 谷文雨、阮超：《信阳战国楚墓出土珍贵文物》，《光明日报》1991 年 5 月 29 日。

战国前盛行于民间。长 4 尺 2 寸，36 只簧，斗子是用葫芦做的。《释名》中说：

> 竹之贯瓠，以瓠为之，故曰瓠也，竽亦是也。其中汙空以受簧也。簧横施于管，头横施于中也。以竹铁作于口，横鼓之。

关于竽的形状，《广雅》称："像笙也，三十六管，宫管在中央。"颜注："竽，笙类也。列管瓠中，施簧管端。"《吕氏春秋》注中更明确地说："竽笙之大，古皆以瓠为之。"清代的桂馥在《说文解字义证》中说："今之竽笙，并以木代瓠而漆之，无复八音矣。"至于竽的斗子何时由刳木取代葫芦，目前学术界尚无定论。

中国音乐术语中有"五声"一词，也叫"五音"，即音阶中的宫、商、角、徵、羽 5 个音级。五声中各相邻两音间的音程，除角与徵、羽与宫（高八度的宫）之间为小三度外，其余均为大二度。《韩非子·解老篇》中说："竽也者，五声之长也。故竽先则钟瑟相随，竽唱则诸乐皆和。"由此而知，竽是诸般乐器之长，也就是领头的，可见其地位之重要。

2. 琴：天人之合"葫芦子"

琴，《说文》作"**琴**"，并解释说："象形，凡琴之属皆

从 ""。琴字 "象形"，像什么东西的形状呢？两个 "王"
字的竖画代表琴弦，横画象征琴徽，而 "" 则正像葫芦。

魏晋以后，中原地区的琴的形制已经和现代的大致相同，
琴身为狭长形木质音箱，面板用桐木或杉木制成。而原始的
琴，则是以半匏为音箱，覆以动物之皮而成。从边远少数民
族地区中古时期的匏琴可见其遗韵。《新唐书·南蛮传》中说：

> 有大匏琴二，覆以半匏，皆彩画之。上加铜瓯，以
> 竹为琴，作虺（huǐ 毁）文横其上，长三尺余；头曲如拱，
> 长二寸，以绦系腹，穿瓯及匏本；可受二升。

该典籍中还记有 "独弦匏琴"，说它 "以竹为之"，"以弦
系颈，有四柱如龟兹琵琶"。据史书记载，这种匏琴曾于隋炀
帝时（605～618 年）由扶南（今广西南部）传入内地。

广西南部和越南境内如今尚有一种独弦琴，又称 "瓢
琴"，与《新唐书》所述形制有别。这种琴的琴身为桐木做
成，长形无底，张金属弦一根，一头系于琴尾，另一头穿过
喇叭形葫芦，扎在插于琴头的小竹柄上（图 16）。演奏时，左
手控制小柄以改变音高，右手用竹片拨奏。音色优美清柔，
常用来独奏或伴奏。值得注意的是，这种琴所用的葫芦，不

是从中间一剖为二的半匏，而是切去大腹下部，使葫芦呈喇叭状，通过拨动金属弦，起到谐振扩音的作用。

图 16　独弦琴

北京故宫博物院藏有两件范制葫芦琴，为世所罕见。其中一件为四弦琴，筒子为八方形葫芦器，6 面模印长条夔龙纹，上下两面分为两组，中间有穿插琴杆的孔洞。筒子一端开有圆孔，另一端覆以桐木板。另一件为两弦，将在"巧夺天工的技艺"一章中介绍。这两只葫芦琴不是为了演奏，而是作为工艺品摆设赏玩的。根据上面的题诗可知，是皇室成员寿诞时收到的贺礼。不过，这两件工艺品的创意者也许懂得琴类乐器与葫芦的渊源关系。

胡琴是拉弦乐器，包括二胡、京胡、板胡、四胡等。关于胡琴的得名，传统认为是"来自北方或西方少数民族"，其实是不确的。胡琴的"胡"，就是瓠；也就是说，胡琴就是瓠琴，即用葫芦做的琴。胡琴类乐器的主要部件音箱，原本是葫芦做的，一直到现代，有许多仍保留了葫芦的形状和名称。苗族有一种拉弦乐器，音箱为瓢状，名字就叫"古瓢"。板胡的音箱系用桐木板子做成，却至今称为"瓢"或"瓢子"。晋剧的主要伴奏乐器叫"呼胡"，又叫"葫芦子"。维吾尔族的丹不尔（一作"弹布尔"），柯尔克孜族的库姆孜等，琴身俱为瓢形，明显可见葫芦之遗韵。生活在云南境内的纳西族有一种古老的拨弦乐器，称为"胡拨"，与库姆孜等为同类乐器，琴腹也是瓢形。在中国人的传统观念中，云南既非西部又不是北部，这种乐器为什么带着一个"胡"字呢？

总之，正因为葫芦这一天然之物具备音箱的功能，再加上人的智慧，世上才有了琴。真可谓：天人之作"葫芦子"，绕梁清音流万世。

（四）葫芦乐器的再生

远古人类的思维，多为形象思维。他们创制器物，必以自然之物为主体略加改造，或受自然物的启示而萌生模仿的念头，所创制的器物的形状、性能等，必然去原物不远，与作为模特儿的自然物相似或相近。葫芦大腹中空，具有良好的共鸣性能。原始先人在用石制工具切割葫芦柢部以加工成壶的过程中，会发出较大的声响，于是他们便在葫芦上做起了文章。可以这样说：原始人第一次吹响作为盛器的壶，就宣告了埙、竽、笙的诞生；第一次敲击半匏上所覆动物之皮，则标志着鼓、琴、瑟的问世……中国历史上曾经有过一个葫芦乐器时代。

那么，为什么中古之后葫芦乐器只在边远地区发现呢？为什么一般认为胡琴为西北少数民族所创呢？原因是华夏民族聚居区开化较早，文明程度相对来说比较高，对乐器的改造较之边远地区亦为先。以原生葫芦为基本材料制成的乐器在中原地区绝迹之后，后世人再见到外地或从外地传回的葫芦乐器，就觉得稀罕了，视为奇事异闻，产生了原本只有边远少数民族才有的误会。

1991 年 4 月，新华社播发的一条消息引起了社会学界和艺术界的特别注意——"韵味独特的葫芦乐在齐鲁大地复活了"。其发掘研制者，是山东艺术学院的刘炳臣，当时他的技术职务是讲师。

鉴于埙的外形与音质相去葫芦不远，山东大学赵申、李万鹏等民俗研究专家推断上古可能有过葫芦埙，建议探索、研制。自 1988 年秋开始，刘炳臣经反复试验，获得成功，研制出 3 种葫芦埙，包括专业用十二平均律和普及式小号、简易吹口埙。初战告捷使刘炳臣一发不可收，紧接着，3 种匏笛（侧吹式、横吹式、混合式）、4 种弦乐器（葫芦柳琴、葫芦板胡、葫芦三胡、葫芦筝）、3 种打击乐器（定音鼓、不定音鼓、沙锤）和葫芦笙相继问世，有 3 项已获国家专利。

笔者与刘炳臣先生都在济南工作，因葫芦而成为朋友。据他介绍，葫芦乐器音韵浑厚，融自然美与工艺美于一身，具有演奏和欣赏双重价值。葫芦乐器制作科学，演奏技巧易于掌握，配器可分可合，可繁可简，独奏、伴奏皆宜；如辅以音响设备，则露天演出效果不减。（图 17）

图 17　刘炳臣与他的葫芦乐器

为了进一步展示葫芦乐器的魅力，也为了进一步发展它、完善它，刘炳臣组建了第一支葫芦乐队。1989 年 9 月，葫芦乐队于孔子文化节期间首次在曲阜亮相，演出了由刘炳臣谱写的仿古雅乐，获得了极大的成功；同年 10 月，获"泉城之秋"艺术节枫叶奖。继而多次为国内外嘉宾演奏，在山东电视台和中央电视台播放，并获山东省民俗研究应用成果奖。1992 年，入选反映中国传统文化奇光异彩的百集纪录影片——《中华百绝》。

葫芦乐器获得了新生。

四　救死扶伤的药材

　　药是人类长期与疾病斗争的产物。药的产生，据说可追溯至中华民族的祖先神农氏。《淮南子·修务篇》中说：神农氏"尝百草之滋味……一日而遇七十毒"。《太平御览》引《帝王世纪》：神农氏"尝味草木，宣药疗疾，救夭伤之命，百姓日用而不知"。其实，神农氏是传说中的人物，说他是医药的发明者是不足信的。倒是《淮南子·修务篇》中的另一句话是可信的："古者民茹草饮水，采树木之实，食蠃蜍（máng忙）之肉，时多疾病毒伤之害。"

　　据对原始氏族公社墓地遗骸的研究，现代人类学家取得了一个共识：原始人寿命很短，平均在 20 岁左右。周口店北京猿人有 22 个个体，其中死于 14 岁以下者 15 人，15～30 岁者 3 人，40～50 岁者 3 人，50～60 岁者 1 人。出现这种局面，很大程度取决于医药知识贫乏。

在漫长的生存繁衍过程中，首先是在采集经济阶段，原始人慢慢地发现了某些植物具有治疗疾病的作用，于是就对它格外重视，这便是原始宗教中的一枝萌芽。随着时间的推移，某种植物的药物功能越来越被人们认识得清楚，依附于它身上的宗教萌芽也越来越发育，于是便出现了把这种植物奉为神明，对其顶礼膜拜的情况。这种崇拜意识代代相传，影响到后世宗教的形成与发展，并在宗教活动中看到它的影子。

葫芦正是这样的一种植物。

（一）一味重要的药材

中医药是我国的国粹之一。我们的祖先很早就对草药有着深刻的认识。李时珍说：

> 天造地化而草木生焉。刚交于柔而成根荄（gāi 该），柔交于刚而成枝干。叶萼属阳，华实属阴。由是草中有木，木中有草。得气之粹者为良，得气之戾者为毒。故有五行焉（金、木、水、火、土），五气焉（香、臭、臊、腥、膻），五色焉（青、赤、黄、白、黑），五味焉（酸、

苦、甘、辛、咸），五用焉（升、降、浮、沉、中）。炎农
尝而辨之，轩歧述而著之，汉魏唐宋明贤良医代有增益
……除谷菜外，凡得草属之可供药者 610 种。（《本草纲
目》）

由此可知，至明代发现利用的草类药材已达 600 余种，葫
芦被划归既可食用又具药效的蓏菜类。

1. 药物功用

葫芦具有比较广泛的药物功用，除根部外，几乎全株入
药，苗、叶、籽、壳、皮、花、须等，均为中医的重要药材。
李时珍在《本草纲目》中说：葫芦瓠果可消渴，治恶疮及口、
鼻中肉烂痛；蔓、花、须可解毒，治小儿胎毒；花可治一切
瘘疮；蔓可治麻疮；苦瓠之瓢和籽可治浮肿、急黄病、恶性
癣癞、死胎不下等，也可治牙病，牙龈或肿或露，牙齿松动。

在葫芦植株中，尤以葫芦壳药用价值为高。其味甘、性
平，无毒，可消热解毒，润肺利便，对恶疮、脚气有一定的
疗效。"瓢乃匏壶破开为之者，近世方药亦时用之。当以苦瓠
者为佳，年久者尤妙。"（《本草纲目》）也就是说，越是陈年的
葫芦壳，其疗效越好。因而，处方用名除"葫芦"、"葫芦壳"
外，也有用"败瓢"、"破瓢"、"陈葫芦"的，其味苦、性平、

无毒，可消胀、杀虫，治水肿、腹胀、痔瘘下及妇女血崩中带下赤白。

《神农本草经》称："苦瓠，味苦寒，主大水、面目四肢浮肿，下水，令人吐。生川泽，名医曰生晋地。"认为山西出产的苦瓠效果最佳。

《全国中草药汇编》中介绍：葫芦，别名油葫芦、壶芦、蒲芦。生境分布：全国各省均有栽培。化学成分：果实含 22－脱氧葫芦素 D 及糖类，种子含脂肪油、蛋白质。性味功能：甘，平。利尿，消肿，散结。主治：水肿，腹水，颈淋巴结核。

山东中医学院（现名山东中医药大学）编《中药方剂学》载："葫芦为葫芦科一年生蔓性草本植物葫芦的果壳。立冬后采摘，切碎，晒干用，以陈久者良。性味归经：甘、平、滑，入心、小肠经。功效应用：利水消肿，治小便不利、脚气肿胀等症。"后附按语："葫芦味淡气薄，功专渗湿行水，消皮肤肿胀。据报道，本品治水肿、晚期血吸虫病形成的腹水，疗效较好。"

2. 常用药方

在长期与疾病斗争实践中，人们积累了许多有关葫芦的偏方、验方，以下是常用的一些：

（1）急性肾炎浮肿

陈葫芦壳 25～50 克，水煎服，每日一剂。

（2）齿摇疼痛

葫芦籽 400 克，加牛膝 200 克。每服 25 克，水煎用以漱口，每日 3～4 次。

（3）急黄病

苦瓠一只，开孔，以水煮之，取汁滴入鼻中，去黄水。

（4）通身水肿

苦瓠膜 5 分，大枣 7 枚，捣烂成丸。每服 3 丸，如人行 10 里许，又服 3 丸，水出，更服 1 丸即止。

又方：苦瓠膜炒 2 两，苦葶苈 5 分，捣合丸小豆大。每服 5 丸，每日 3 次，水下即止。

（5）麻疹

葫芦蔓煎汤洗患处，即愈。

（6）腹胀黄肿

丫腰葫芦连籽烧，存性。每服 1 枚，饭前温酒下；不饮酒者，白汤下。十余日见效。

（7）小便胀急

苦瓠籽 30 枚炒蝼蛄 3 只，焙为末，每次冷水服 1 钱。

(8) 秃发

葫芦蔓加盐，与荷叶同煎至浓汁，用以洗头，3～5 次即愈。

(9) 火烫伤灼

败瓢烧灰，敷于患处。

(10) 大便下血

破瓢烧存性，黄连等分，研末，每空腹温酒服 2 钱。

(11) 痔疮肿痛

苦葫芦、苦荬（mǎi 买）菜煎汤，先熏后洗。

(12) 聤（tíng 亭）耳

聤耳，即耳朵里出脓。用葫芦籽 1 分，黄连 5 分，为末。以棉花绞净，分两次吹入，每日两次。

(13) 风虫牙痛

葫芦籽半升，水 5 升，煎至 3 升，含漱；茎、叶亦可。不过 3 次即愈。

(14) 齿蛀口臭

苦匏籽研为末，合蜜为丸，半枣大。每天早晨漱过口以后，含 1 丸；仍涂齿龈上，涎出吐去。

（15）恶疮癣癫

苦瓠一枚，煮汁搽之，每日 3 次。纵 10 年不瘥（chà 钗）者亦愈。

（16）小儿闪癖

取苦瓠未破者，煮令热，解衣熨之。

（17）死胎不下

苦葫芦烧存性，研末，每服 1 钱，空腹热酒下。

（18）黄疸肿满

苦瓠之瓤如大枣许，以童子小便 2 合浸之。一时取两酸枣大，纳两鼻孔中，深吸气，待黄水出。

（19）头面肿大

用莹净苦葫芦之白瓤捻如豆粒，以面裹煮一夜，空腹服 7 枚，至午当出水 1 斗；第二天水自出不止，大瘦乃瘥。两年内忌咸物。

又方：苦葫芦瓤 1 两，微炒为末，每日粥饮服 1 钱。

（20）赤白崩中

败瓢烧存性，莲房锻存性，等分研末。每服 2 钱，热水调服，两服后有汗即止。甚者 5 服止最妙。忌房事、发物、生冷。

3. 药膳

葫芦的医疗作用，还可以通过膳食方式发挥出来。《山家清供》载：

> 要之长生之法，能清心戒欲，虽不服亦可矣。今法：用瓠子二枚，去皮毛，截作二寸方片，烂蒸以食之。不可烦烧炼之功，但除一切烦恼思想，久而自然神清气爽。

葫芦茶煲冰糖，有清热解暑、利湿消滞、祛积杀虫的功效，民间常用以治疗肺热咳嗽、伤暑口渴、咽喉炎、小儿疳积、消化不良等症。从食物功效方面说，葫芦茶性味苦涩、凉，入肺、脾、胃经，能清热利湿，消滞杀虫。《生草药性备要》：葫芦，"消食杀虫，治小儿王疳，作茶饮"。《南宁市药物志》说它有"杀虫、清热、止渴"的作用。《闽东本草》则称：葫芦茶煲冰糖，"解肌达表，健脾开胃，润肺生津，强筋骨，除风湿"。每次用葫芦茶 30～50 克，冰糖适量，清水 3 碗，煎至 1 碗，去渣饮用。

(二)"悬壶"释义

无论绘画或雕塑作品中，被称为三皇之一的神农氏和神医扁鹊、药王孙思邈等的手中，都少不了一只葫芦。

　　从通衢大邑到偏僻乡镇，凡行医卖药者大都在门前悬挂葫芦或绘制葫芦图案，在门楣或正厅悬挂写有"悬壶济世"4个大字的匾额。至晚从东汉以来，"悬壶"就已成为行医的标志。

　　1. 费长房拜师

　　《后汉书·方术传》和晋葛洪《神仙传》均记有壶公和费长房的故事，现综述如下。

　　汝南人费长房曾做管理集市的官吏。有一个从远方来的老头儿在集市上卖药，口不二价，凡买他的药，没有治不好病。大家不知道他的姓名，因为他经常把盛药的葫芦挂在街头，所以称他为"壶公"。每天傍晚集市将散，壶公就跳进葫芦里，别人都看不见，只有费长房在楼上看得见。费长房明白这个老头儿不是平常人，于是想方设法靠近他。费长房每天都亲自动手，把壶公座位周围打扫得干干净净，还买来许多食物请他吃。壶公尽管不接受费长房的食物，但天长日久产生了好感，觉得这个人忠诚可信。

　　有一天，壶公对费长房说："天黑以后，你来一下。"费长房如约而至。壶公说："你看我往葫芦里跳，就照我的样子跳进去。"果然，费长房不知不觉地进入葫芦里。只见楼台巍巍，重门叠阁，满桌美酒佳肴，壶公左右的侍从有几十个之多。他们在一起饮酒，盛酒的器皿只有拳头大小，但从早喝到晚也没喝干。壶公说："我是仙人，千万不要对别人说。"

后来，费长房随壶公入山修道，不成。壶公送他下山的时候，递给他一根竹杖，说："骑上它，一会儿就到家了。"又给他画了一道符，说："凭这道符可以管治地上百鬼。"从此之后，费长房便能医治各种疾病，用鞭子惩罚百鬼，还能随时调遣土地神。在一天时间里，别人能在千里之外的好几个地方见到他。后来，费长房偶然间把壶公送的那道符弄丢了，很快便被众鬼杀死了。

葫芦成为行医的标志，直接源于上述故事。但若往更深层次挖掘，葫芦的盛器功能和医药功能是其根本所在，其中医药功能占的比重则更大些。影响至文学创作，于是就有了神话小说中神仙灵怪将仙丹妙药藏于葫芦中的描述。

2.《壶公图》指误

清代画家任熊的木刻作品《壶公图》（图18），被袁珂收入《中国神话传说词典》。图中壶为近代人工盛器之壶，并题曰："壶中日月长。投壶不中者，饮。"不确。壶公之"壶"，应为葫芦；且《后汉书·方术传》抑或葛洪《神仙传》中，只有壶公跳入壶中饮酒之述，并无投壶之戏。任熊（1822～1857），字渭长，擅画人物，与弟任薰、弟子任颐，合称"三任"。有《任渭长四种》，被称为"晚清木刻画精品"。这样的艺术大家闹出上述笑话，给人的启示起码有两点：一，知识如海洋，学业有专攻；二，为文作画都应慎重，不要贻笑大方。

图18　任渭长《壶公图》（摹本）

（三）我国最古的医方

古墓葬是人类在历史长河中行进的倒影，蕴藏着丰富的精神文明和物质文明财富。历史学家把古墓葬称作"地下博物馆"。然而，一座古墓导致一门学问的诞生，这在全世界也是极其罕见的。

马王堆汉墓，经过海内外众多专家学者 20 余年全方位综合研究，大大丰富了我国天文、地理、哲学、医学等学科历史的内涵，展示了汉代及汉代以前悠久灿烂的文化，同时也将许许多多的问号摆在我们面前。独具魅力的"马王堆学"已初步形成。

1.《五十二病方》

马王堆汉墓位于长沙市东郊，1972～1974 年先后两次进行发掘。在 3 号墓出土的帛书里，有一种久已亡佚的医方专书。原文写在宽约 24 厘米的半幅帛上，折成 30 余层，出土时折叠处已断裂，成为长方形"页"片，有程度不等的破碎残损。这部方书原来没有书名，帛书整理小组根据原有目录中52 个以病名为中心的小标题，定名为《五十二病方》。

《五十二病方》是我国迄今为止发现的最古医方。所载疾病种类，包括内科、外科、妇产科、小儿科、五官科等科的病名，尤以外科病名为多。每种疾病题目下分别记载各种方剂和疗法，少则一二方，多则二三十方。治疗方法主要是用药物，也有灸法、砭石及外科手术割治等。书中药名多达 240

余种，有一些不见于现今存世的本草学文献。帛书书法秀丽，字体近于篆。（图19）

图19 《五十二病方》片断

据专家们研究，《五十二病方》抄成不晚于秦汉之际，即为公元前3世纪末叶的写本。其中保存着远古时代流传下来的若干医方，是我国劳动人民长期与疾病做斗争经验的结晶。

2. 有关葫芦的医方

在《五十二病方》现存283方（不包括未拼合的残片）中，以葫芦入药的有7方。现分别介绍如下（不可辨识或无法补出的残缺文字，用□表示）：

（1）蚖①类

湮汲一音（杯）入奚蠡②中，左承之，北乡（向），乡（向）人禹步③三，问其名，即曰："某某年□今□。"饮半音（杯），曰："病□□已，徐去徐已。"即复（覆）奚蠡，去之。

①蚖：一种毒蛇。《名医别录》："蚖，蝮类，一名虺，短身土色而无文。"《本草纲目》卷43："蚖，与蝮同类，即虺也，长尺余。蝮大而虺小，其毒则一。"本病即被此种毒蛇咬伤。

②奚蠡：即大腹的葫芦。《说文》："奚，大腹也。"

③禹步：行巫术的一种步法。《法言·重黎》注："禹治水土，涉山川，病足，故行跛也……而俗巫多效禹步。"《玉函秘典》："禹步法：闭气，先前左足，次前右足，以左足并右足，为三步也。"

（2）癫①类一

穿小瓠壶②，令其空（孔）尽容积（癫）者肾与朘③，即令积（癫）者烦夸（瓠），东乡（向）坐于东陈垣下，即内（纳）肾朘于壶空（孔）中，而以采为四寸杙④二七，即以采木椎窡（剟）⑤之。一□□，再靡（磨）之。已窡（剟），辄桋⑥杙桓下，以尽二七杙而已。为之恒以入月旬六日□□尽，日一为，□再为之。为之恒以星出时为之，须積（癪）已而止。

① 癪（tuí 颓）：積疝，疝气的一种。《内经》有"七疝"之称，包括厥疝、冲疝、瘕疝、狐疝、癃疝、癀疝、癪疝。

② 瓠壶：即葫芦。

③ 肾：指外肾，即阴囊。朘，应为"脧"（zuī），阴茎。

④ 采：《史记·李斯传》索隐："采，木名，即今之栎木。"杙（yì 亦），小木棒。

⑤ 剟：原意为刺、削。此处当为叩击之义。

⑥ 桋：读为"插"。

(3) 癪类二

以奎蠡①盖其坚（肾），即取桃支（枝）东乡（向）者，以为弧；取□母□□□□□□□□□□□上，晦，壹②射以三矢，□□饮乐（药）。其药曰阴干黄牛胆。干即稍□□□□□□□□□，饮之。

① 奎蠡：即奚蠡，大葫芦。

②壹：当为"壶"字。

(4) 阑（烂）①类

去故殽（瘢）：善削瓜②壮者，而其瓣材其瓜，其□如两指，以靡（磨）殽（瘢）令□□之，以□□傅之。乾，有（又）傅之，三而已。必善齐（斋）戒，毋□而已。

①烂：烧伤。《左传·定公三年》注："火伤曰烂。"

②瓜：即葫芦。据刘尧汉释《诗经·大雅·绵》说。

(5) 加（痂）①类

冶藗芜、苦瓠瓣，并以彘职（脂）膏弁，傅之，以布裹而约之。

①痂：《说文》大徐本释为"疥也"，小徐本释为"干疡也"。是疥癣类皮肤病，与后世字义不同。

(6) 痈①类

身有体痈种（肿）者方：取牡□一，夸②就□□□□□□□炊之，候其洎③不尽一斗，抒臧（藏）之，稍取以涂身膃（体）种（肿）者而炙之，□□□□□□痈种（肿）尽去，已。尝试。

①痈：中医学病名。由于风火、湿热、痰凝、血淤等邪毒引起的局部化脓性疾病，发于皮肉之间。

② 夸：即瓠。

③ 洎：汁。

(7) 魃① 类

祝曰："渍者魃父魃母，毋匿□□□北□巫妇求若固得，□若四膡（体），编若十指，投若□水，人殹（也）人殹（也）而比鬼②。"每行□，以采蠡③为车，以敝箕为舆，乘人黑猪，行人室家，□□□□□□□□□若□□彻胆魃父魃母□□□所。

① 魃（jì技）：《说文》："一曰小儿鬼。"《文选·东京赋》注引《汉旧仪》："昔颛顼氏之有三子，已而为疫鬼……一居人官室区隅，善惊人，为小儿鬼。"是古代的一种迷信。从现代科学角度说，可能是精神失常性疾病。

②"体"、"指"、"水"、"鬼"，均为古脂部韵。

③ 采蠡：当为"奚蠡"。"采"、"奚"因形近而误。

3. 几个问题

(1) 名称为什么不一致

在上述 7 个医方中，葫芦的名称多不一致，分别写作"蠡"、"奚蠡"、"奎蠡"、"采蠡"、"瓠"、"苦瓠"、"夸"、"壶"和"瓜"。联系到书中同一种疾病有不同的疗法，同一药物有不同的名称，甚至字的写法前后也不统一，所以可以判定这283个医方是古人长时期搜集的成果。不少方后注有"尝试"、"已验"、"令"（义为"善"）字样，表明它们经历过实践的验证。

（2）如何看待巫术成分

在有关葫芦的7个病方中，除治烂、痂、痛症的3个外，其余4个都含有巫术成分，尤其是魅类那个，更明显是咒语。对这些表面非科学的东西，不能简单地斥为糟粕。以历史唯物主义观点去考查，就会发现巫术自有其存在的合理内核。当代人给巫术的定义是："利用虚构的超自然力量来实现某种愿望的法术。"（《辞海》）葫芦作为一种物象出现在巫事活动中，只对着它念念有词，便认为可以治好诸如毒蛇咬伤、精神病以及具有睾丸肿大症状的丝虫病等急险疑难病症，这种迷信现象本身就证明了人们对它的崇拜。

（3）能否应用于临床

《五十二病方》所载葫芦医方，有的与后世医书相合，如用苦瓠籽治恶性癣疥，用葫芦壳治恶疮、消肿等。但是由于帛书年代久远，内容古奥难解，再加上因残损而致缺字甚多，内容不完整，所以，帛书整理小组专家们认为，这些医方只能作为研究参考，在未经现代科学分析鉴定前，不可付诸临床应用。

（四）道教长生的寄托

我国是一个多民族、多宗教的国家。世界三大宗教—基督教、伊斯兰教、佛教，在我国传播都在千年以上了。这些都是"舶来品"，是从外国传进来的，而道教则是我国土生土长的一种传统宗教。

道教由上古巫术、秦汉方术以及黄老思想逐渐糅合而成，2000 多年来对我国各个时代的政治、经济、学术思想、宗教信仰、文学艺术、科学技术和民风民俗等方面，都有着重要的影响。鲁迅先生认为："中国的根柢全在道教……以此读史，有许多问题可迎刃而解。"

道教以"道"为根本信仰和基本教义。"道"为"虚无之系，造化之根，神明之本，造化之元"，化生宇宙、阴阳、万物。道教所追求的最终目标，是长生不死和即身成仙。长生不死的最好方法，是服饵金丹；即身成仙的归宿，是蓬壶三岛。这些都离不开葫芦。

1. 服饵金丹

服饵金丹可求长生不死，是道教的重要信仰。丹即丹砂，或称"朱砂"，即红色硫化汞。以丹砂为主，再以其他矿石药剂配伍，置炉火中烧炼，可制成药金。所谓药金，就是表面闪烁金黄色光泽的固体化合物。自然界中的金和玉都是化学性质稳定，不容易发生朽坏变化的物质。所以，人们相信服食金玉就能把金玉的性质转移到人体中，人就可以不朽长生了。正如汉代人所说："服金者寿如金，服玉者寿如玉。"

西晋葛洪说："夫丹之为物，烧之愈久，变化愈妙；黄金入火百炼不消，埋之毕天不朽。服此二物，炼人身体，故能令人不老不死。"又说："凡草木烧之即烬，而丹砂炼之成水银，积变又还成丹砂，其去草木亦远矣，故能令人长生。"（《抱朴子》）或认为炼丹所用之原料上应天上星宿，是天神的化身。《太清石壁记·五石丹方》称：

> 五石丹者，淮南刘安好道，感仙人八公来授之。安以此方赐左吴，故得传之人世。其药飞五石之精，服之令人长生度世，与神仙共居。五石者是五星之精：丹砂，太阳荧惑之精；磁石，太阴辰星之精；曾青，少阳岁星之精；雄黄，后土镇星之精；矾石，少阴太白之精。

难怪凡人服食可以成仙了。

（1）丹炉形状

炼丹的炉子是什么样子呢？让我们看一看道家的代表人物葛洪的丹灶就知道了。

葛洪（284～364），字稚川，自号抱朴子，丹阳句容（今属江苏）人。早年习儒业，后来跟着郑隐、鲍靓学习神仙道教，精于炼丹养生之术。所著《抱朴子·内篇》，为晋代道教理论和方术的集大成著作。他一生仕途坎坷，但游历极广。听说交趾（今广东、广西及越南北部）出产丹砂，便求作句漏（在今越南北部）令，止于罗浮山。他在罗浮山中结庐而居，修道炼丹，最后死在这里。

罗浮山为中国南部名山，在广东省东江北岸，地跨博罗、河源、增城3县。为花岗岩构成的穹隆状山体，长100余公里，主峰飞云顶海拔1282米。有432座山峰，980挂瀑布，石室幽崖不可胜数。被称作道教"第七洞天"、"第三十一泉源福地"。山中有冲虚、白鹤、黄龙、九天、酥醪5座道观。其中坐落于南麓的冲虚古观，相传就是葛洪夫妇隐居炼丹之处。

冲虚古观现为广东省重点文物保护单位，现存古迹大多与葛洪有关，其中最著名的是"葛洪丹灶"。这只据说是葛洪亲自烧炼金丹的炉子，上圆下方，取天圆地方之义。高 3.6 米，底座边长 2.25 米。丹灶的顶部是其核心部分——未济炉。未济炉 3 足，内盛水火 2 鼎，水鼎在下，火鼎在上，其外形酷似葫芦——使人长生不死的金丹，只有在葫芦里才能炼成。

　　这种在葫芦里炼丹的做法，来源于道家对宇宙的认识。道家之所以以"道"来命名，盖因他们主张宇宙间的天地万物都来自一个神秘玄妙的母体——道。老子说："道生一，一生二，二生三，三生万物，万物负阴而抱阳，冲气以为和。"（《老子》）即空虚无形的道化生出最初的元气物质，进而分为阴阳，阳气清轻上升为天，阴气重浊下凝为地，天地阴阳的冲和交感又产生了万事万物，而人为万物之灵长，与天地相合为三。道家对丹炉的建构有着特殊要求：

　　　　鼎有三足以应三才（天、地、人），上下二合（葫芦状两圆）以像二仪，足高四寸以应四时（春夏秋冬四季），炉深八寸以配八节（古代以立春、立夏、立秋、立冬、春分、夏至、秋分、冬至为八节），下开八门以通八风，炭分二十四斤以生二十四气（即二十四节气）。（《九转灵砂大丹资圣玄经》）

炉上列诸方位、星辰、度数，运乾坤，定阴阳也。（《大还心镜》）

如此看来，在道家的心目中，葫芦就是缩小了的宇宙。

（2）原料放置

炼丹所用药物多为天然产物。据道家著作统计，仅矿石类就有六七十种之多。其中，主要有朱砂、云母、空青、硫黄、雄黄、雌黄、戎盐和硝石8种。葛洪曾说：他"长斋久洁，躬亲炉火，夙兴夜寐，以飞八石"（《抱朴子·论仙》）。有一种名为"大药"的金丹，须将硝石烧炼9次，放进盛以井华之水的葫芦里，说是能采集日火、月水之精。还有一种金丹，被赞誉为"一物食五彩"，其主要原料为硝石、白石英和紫石英。在炼制过程中，这些原料必须放置在葫芦里。

（3）金丹贮藏

金丹须在葫芦状炉鼎中烧炼，炼丹的原料须在葫芦中放置，那么，炼成的金丹又贮藏在哪里呢？

陈抟（？～989），是五代宋初著名道士。《宋史·陈抟传》说他系亳州真源（今河南鹿邑）人，自号扶摇子，居华山40年，"斋中有大瓢挂壁上"。这只挂在墙壁上的大葫芦，就是贮藏金丹的。

李凝阳成仙之前，来到华山原老君炼丹之所，借宝炉炼成了一炉金光灼灼的上好金丹，便装了满满一葫芦，随身带着。出于好奇和诱惑，他自己先吃了几粒。

由于金丹神力，竟使他的灵魂脱离躯壳，遨游于天地之间。后来在老君点化下，李凝阳终于借体成道。①

道家与葫芦结下不解之缘，是历史上的真实现象。占卜术是道教神秘性表现形式之一，即用掷钱、摇签等方式卜问吉凶祸福。有谜底为"卜"字的字谜一则，是这样说的：

> 一字顶天立地，腰中常带葫芦；
>
> 可测未来吉凶，能识阴阳之气。

金丹藏在葫芦里，在神话传说中多得不可胜数。翻开《西游记》、《封神演义》等神话小说，动辄便是"从葫芦里倒出一粒金丹"，或灌服，或研碎搽涂，受伤者、病危者就马上痊愈了。

2. 蓬壶三山

道士们把炼丹的原料盛放在葫芦里，然后在葫芦状炉鼎内烧炼，炼成后再把金丹贮藏在葫芦里，那么，服食金丹成

① 闵玉溪：《李凝阳借体成道》，《道教仙话》，华夏出版社，1989年版，第15～19页。

仙后，他们又到哪里去了呢？

（1）从蓬莱阁说起

山东省蓬莱市城区北部临海的丹崖山上，有一座名闻遐迩的蓬莱阁。高阁为双层木结构，坐北朝南，背后是一望无际的大海，两侧筑室如舫。阁上四周环以明廊，是观赏海市蜃楼的最佳场所。每天有成千上万的海内外游客光临，熙熙攘攘，络绎不绝。究其原因，固然有"人间仙境"之故，更重要的是，据说这里是八仙（即铁拐李、汉钟离、张果老、何仙姑、蓝采和、吕洞宾、韩湘子和曹国舅）飞升之地。

八仙飞往哪里去了呢？答案是：蓬壶三岛。

（2）"蓬壶"破译

道教宣扬修道成仙，羽化升天，但受人世间封建等级制度影响，又认为仙人们的地位并不是平等的，也有高下尊卑之分。梁陶弘景"搜访人纲，究朝班之品序"，"坪其高卑，区其宫域"（《真灵位业图》），不但把仙人们的地位作了排列，而且安排了居处。地位高的神仙居住在三十六天宫；一些没有资格升天的"地仙"、"散仙"，他们的去处则是陆地上的"洞天福地"或海中的"十洲三岛"。

洞天福地，分为十大洞天、三十六小洞天和七十二福地，多是道教名山或胜境，都可以指实。关于十洲的说法，见于

《云笈七签》卷 26。旧说东方朔曾向汉武帝叙其事，十洲为：祖洲、瀛洲、玄洲、炎洲、长洲、元洲、流洲、生洲、凤麟洲和聚窟洲。

三岛，即蓬壶三岛。古代传说东海中有蓬莱、方丈、瀛洲 3 座山，为神仙所居，总称"三神山"。这 3 座山的形状像葫芦一样，所以又称"三壶山"。东晋王嘉《拾遗记·丹丘之国》中说：

> 三壶，则海中三山也。一曰方壶，则方丈也；二曰蓬壶，则蓬莱也；三曰瀛壶，则瀛洲也。形如壶器。

蓬壶三岛，就是 3 座突出于海面的葫芦形状的山。

《封神演义》第 75 回是这样描写蓬莱景致的：

> 势镇东南，源流四海。汪洋潮涌作波涛，滂渤山根成碧阙。蜃楼结彩，化为人世奇观；蛟鼋兴风，又是沧溟幻化。丹心碧树非凡，玉宇琼宫天外。麟凤优游，自然仙境灵胎；鸾鹤翱翔，岂是人间俗骨。琪花四季吐精英，瑶草千年呈瑞气。且慢说青松翠柏常春，又道是仙桃仙果时有。修竹拂云留夜月，藤萝映日舞清风。一溪瀑布时飞雪，四面丹崖若列星。正是：百川浍注擎天柱，万劫无移大地根。

（3）蓬壶崇拜

这 3 座山，从 2300 多年前的战国中期起，就吸引了许许多多人的目光。他们崇拜它，向往它，想接近它，想占有它。

齐威王、齐宣王和楚昭王，"使人入海求蓬莱、方丈、瀛洲"（《史记·封禅书》），前仆后继。

统一六合、踌躇满志的始皇帝嬴政，派遣方士徐福率童男童女数千人前去寻觅。《史记·秦始皇本纪》说：

> 二十八年（前 219 年），始皇东行郡县……齐人徐市（即徐福）等上书，言海中有三神山，名曰蓬莱、方丈、瀛洲，仙人居之，请得斋戒与童男女求之。于是遣徐市发童男女数千人，入海求仙人。

这一次未能如愿，秦始皇不甘心。4 年后，登临渤海边之碣石（在今河北昌黎），又萌生蓬壶求仙的念头，使燕人卢生、韩众、侯公等入海。这些好为大言的燕齐方士当然不能找到，只得编造谎言来搪塞。一直到死，秦始皇对此事耿耿于怀，念念不忘。

雄才大略的汉武帝，在炼丹家李少君的怂恿下，仿效秦始皇遣方士"入海，求蓬莱"，同样"终无有验"。他无可奈何，只好远远地看一看岛那一方的仙气。晚年不便出行，便在建章宫中挖了一座名叫"太液池"的大水塘，塘中垒成蓬莱、方丈、瀛洲的模样，"像海中神山、龟鱼之属"（《史记·孝武本纪》），聊以自慰。

对蓬壶三山的崇拜，帝王们是这样，普通道徒们也是这样。普通道徒不能动用国库的银子，派出浩浩荡荡的队伍去寻访，只能从内心里景仰它，向往它，只能与它神交。唐朝大诗人李白就是一个例子。李白"五岁诵六甲，十岁观百家"，"十五观奇书"，并一度隐居道教"第五洞天"青城山，所以具有浓厚的道家思想。他在不少诗篇流露出对蓬壶三山的心仪。如：

　　始探蓬壶事，旋觉天地宽。（《秋夕抒怀》）
　　海客谈瀛洲，烟涛微茫信难求。

（《梦游天姥吟留别》）

　　日本晁卿辞帝都，征帆一片绕蓬壶。
　　明月不归沉碧海，白云愁色满苍梧。

（《哭晁卿衡》）

蓬壶三山使这么多帝王将相、文人墨客倾倒，受到人们的顶礼膜拜，它的魅力究竟何在？《史记·封禅书》中早有答案：

　　此三山者，相传在渤海中，去人不远。盖有曾至者，诸仙人及不死之药皆在焉。

原来如此——这3座葫芦模样的山能使人长生不死！

五　攻防兼备的兵器

战争，是为了一定的政治目的而进行的武装斗争，是解决阶级和阶级、民族和民族、国家和国家、政治集团和政治集团之间的矛盾的一种最高斗争形式。打仗离不开兵器。为了各自阶级、民族、国家或政治集团政治目的的实现，古往今来人们不断地研制各种兵器，搜寻世间万物作为制造兵器的材料。

战争的目的有两个：一是杀伤敌人，削弱以至消灭敌对一方的有生力量；二是保护自己，尽量减少己方的伤亡。葫芦以其大腹容物、果壳坚实以及漂浮性能等特点，曾被古人遴选得中，或用作进攻敌人的火器，或用作保护自己的头盔，或用作泅水渡河的腰舟，在历史舞台上演出了雄壮的一幕一幕。

（一）冲阵火器

火器，即能够发火的兵器。在冷兵器时代，能够发火的兵器的威力是可想而知的。在那用刀枪剑戟甚至锄镰棍棒进攻，用藤甲盾牌防身的古代战场上，火器简直可以说是鹤立鸡群了。明代人茅元仪[①]在《武备志》中说：

> 五行之内，金水火之性为烈。故土以植之，木以滋之，金以戕之，水以杀之，火以烬之。兵之用以金，金所戕者有制。故决河灌城、塞流湮垒，水之用大焉。水有所不及，故取于火。至火，而五行之用尽矣，仁人所不道也。孙子引其端，然于苇积炬，火无他借焉……今之言兵者，莫不曰火。

1. 冲阵火葫芦

冲阵火葫芦（图20），实际上就是原始的火枪或火焰喷射

---

① 茅元仪（1594～1630年），字芷生，号石民，归安（今浙江吴兴）人。出身世代甲第，自幼喜谈兵农致用之学，著述宏富。身处明衰后金崛起之际，志在振作明朝武备，寓居金陵（今南京），积15年之讲求，采历代军事书籍2000余种，于天启元年（1621年）撰成《武备志》。《武备志》共240卷，200多万字，分"兵诀评"、"战略考"、"阵练制"、"军资乘"、"占度载"等5部分，均绘图立说。

器。其制作和使用方法是：将大型的丫腰葫芦固定在木棍上，葫芦内装入火药、铅弹，点燃火药后，铅弹就会从葫芦口冲出，飞出好长一段距离，射杀或烧伤敌人。

《水火龙经要诀》和《武备志》都有记载，说这种火器"坚木为柄，长六尺，猛士一人持之，与火牌相间列于阵前"，葫芦内毒火和铅弹"冲入贼队，人马俱惊"，并说它专"用近战"，"马步皆利"。

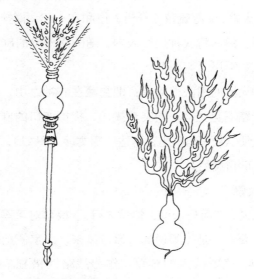

图20　冲阵火葫芦　　图21　对马烧人火葫芦

2. 对马烧人火葫芦

这是一种火焰喷射器。其制作方法如下：选择坚实的丫腰葫芦；为进一步增强牢靠性，再将黏性较强的黄泥、紫土，用盐水拌和成泥巴，涂抹在葫芦外面达一指厚，晒干后再用麻布裹上一层，用生漆漆之，听候使用。陈旧纸张不拘多少，每次取十余张，于灯上点燃。准备水盆一只、木板一块。将点燃之纸张放于盆中，随即用木板盖上，以闷灰存性。1两纸灰、1分火硝、2厘硫黄为一份，掺和在一起，搅拌均匀，灌进葫芦里。然后将火种烧红入内，随即用干燥的麻布塞住葫芦口，收贮听用。

这种火器的用法很简单：把它藏在衣袖之中，两军对垒或夜间走路遇见强盗，便突然掏出，拔掉塞口的麻布，对准目标，火便从葫芦口喷出，可达三四丈远（图21），使对方须焦鬓燎，面目腐烂。

3. 火兽

俗话说："兵马未动，粮草先行。"粮草对于军队、对于战争的重要性，是无须说的。自古以来，兵家便把破坏对方后勤供应，烧毁敌人的粮草，作为战略性措施。火兽（图22），主要用于烧毁粮草，使对方将士无粮可炊，马匹无草料可秣，也可以用来烧毁营房，引起军心混乱，还能冲锋陷阵，打乱敌军阵脚，使首尾不能相顾。

具体方法是：把晒干的艾叶塞进葫芦，盈虚程度视距离而定。点燃艾叶，使其有微火。葫芦的上下左右各开一个小孔，以使空气流通，艾火不致闷死。然后，把葫芦系牢于野猪、獐子、麋鹿等奔跑迅速的野兽头顶上，用钢针刺或用火燎其尾端，朝着敌营方向放开，野兽便会向前狂奔。野兽迅跑，空气压进葫芦里，会使艾火越烧越旺。待艾叶烧得差不多了，葫芦壳已经烧得很热，野兽受不了，便会剧烈摆头，使火种撒落下来，引起熊熊大火。

图 22　火兽

（二）火箭——纵火箭

唐代李荃①的《太白阴经》中介绍了一种称之为"火箭"的兵器，说是"以小瓢盛油贯矢端，射城楼橹板上。瓢败油散后，以火箭射油散处，火立焚"。这种火箭，是以两枝箭配合，以达到引燃的目的。第一支箭将盛油的小葫芦穿在前端，其任务是洒油；第二支箭是名副其实的"火"箭，其使命是点火。

宋太祖开宝三年（970 年），"兵部令史冯继升进火箭"②；咸平三年（1000 年），"神卫水军队长唐福献所制火箭"③。

冯继升和唐福向赵宋朝廷进献的火箭是什么形制，惜无记载，但一定会比李荃所述火箭高级，很可能与北宋官修、曾公亮主编《武经总要》所描述的火箭相类似："施火药于箭首，弓弩通用之，其缚药轻重以弓力为准。"

---

① 李荃，唐代学者，号少室山达观子，生卒年月及里籍不详，做过节度副使、刺史等官。主张改革政治，反对卜筮迷信。在军事上，认为战争胜负主要决定于人事，继承和发展了先秦时期的军事辩证法。著作有《太白阴经》，曾注《孙子兵法》和《阴符经》。也有学者认为《阴符经》是他托黄帝之名而作。

②③《宋史》卷 197《兵志十一》。中华书局校点本第 14 册，第 4909、4910 页。

《武备志》绘有一幅"弓射火柘榴箭"图（图 23）。从性能方面说，这种火箭与上述宋代火箭要差不多；从形制方面说，与唐代的洒油箭差不多，只是柘榴状球体上多了一根引火的药线。

图 23　弓射火柘榴箭

弓射柘榴箭的动力，是弓的弹力，依靠弓的弹力射向远方。"药线眼向前开，铁簇须要锋利、倒钩。燃药线发火，方可开弓放去。一着人马篷帆，水浇之不灭。"[1] 其中，"药线眼向前开"的目的，是避免火箭在飞速行进过程中形成准真空，

①《武备志》卷 126《军资乘·火器图说五》。

窒息药线之火；"铁簇须要锋利、倒钩"，其目的是使火箭容易附着目标。这种火箭的威力是比较大的，尤其攻城和劫营之时，被誉为"便利之器"①。

不过，这种火箭箭杆上的柘榴状容器，一般不是像唐代那样用小葫芦做的，而是用纸、麻布团裹而成，以松脂熬化封固，又用纸糊。据估计，舍弃现成葫芦而改人工，是因为葫芦不便于与箭杆粘接牢固。粘接不牢，运行过程中则容易松动、错位甚至滑脱。一旦发生这种情况，与外界空气流通，葫芦里的火药就会迅速燃尽，不但不能施威于敌，还可能自戕。很明显，它是由唐代以葫芦为油箱的火箭改进而成。

上述几种火箭，不是以火药喷射推进，而是用弓或弩发射。所以，它们并不是现代意义上的火箭，而是纵火箭，即用来放火的箭。

（三）火药

火药，是用作引燃或发射的药剂。世界上最早的火药产生于隋唐之际，是我国古代四大发明之一。火药本是道家炼

---

① 《武备志》卷126《军资乘·火器图说五》。

丹的副产品。唐《真元妙道要略》载，"以硫黄、雄黄合硝石，并蜜烧之"，则"焰起，烧手、面及屋宇"，导致火药发明。《武备志》中有《火药赋》，专说火药的威力及主要成分："五材并用，火德最灵。秉荧惑之精气，酌朱雀之权衡"，"谓铦锋利镞，力尚有穷，而火焰之精，无坚不溃。虽则硝硫之悍烈，亦藉飞灰而匹配"，"硝性竖而硫性横，亦并行而不悖，唯灰为之佐使"。

葫芦可用来制成火器，把葫芦烧成灰（即木炭），又可用来配制火药。葫芦灰质轻，多用来制作引火用火药。

下面是古代兵书中几个有关葫芦灰的配方：

1. 火攻神药法品

硝（主）、硫（主）、葫芦灰（烈灰）、箬灰（爆灰，竹叶也）、柳灰（主灰）、杉灰（主灰）、桦树皮灰（铳灰）、麻秸灰（无声）、石黄（法灰）、雄黄（毒火）。

2. 三火（飞火、毒火、神火）合一药

硝 1 斤，硫黄 6 两，箬灰、葫芦灰、柳杉灰共 4 两，入朱砂 3 钱、水银 3 钱，研不见星。

3. 火信（导火索）

硝 1 两（火酒制），葫芦灰、斑蝥各 3 钱，硫黄 3 分。

4. 铅铣火药

提净明硝 40 两，硫黄 6 两，柳灰或葫芦灰或茄秸灰 6 两 8 钱。各自研为细末，照前分量配合，用水一盏拌湿，杵千遍，取起晒干，如此 3 次。

5. 烂体烟（以物染油，使有附着）

砒 2 斤，斑蝥 1 斤，獐屎 1 斤，江豚油 5 斤，硫黄 10 斤，石脂 2 斤，硝 20 斤，南星子 1 斤，硇砂 2 斤，茄灰 5 钱，葫芦灰 10 斤，壁蟫 2 斤，巴豆 2 斤。

（四）葫芦飞雷——手榴弹

葫芦飞雷是云南哀牢山区彝族独创的一种火药武器。它是用手投掷的一种小型炸弹，也就是用葫芦作为弹体的手榴弹。

火药，与造纸术、印刷术、指南针并称为我国古代的四大发明，对人类社会进步产生了巨大影响。从 1225 年起，焰火及火药传入阿拉伯；1258 年，各种火器传入阿拉伯；13 世纪下半叶，火药自阿拉伯传入欧洲；至 14 世纪，火器自阿拉伯传入欧洲。我国是火药及火炮、突火枪等火器的故乡，早已为全世界所公认。但是，火药从中国传出之后，尤其是 15

世纪以后，似乎中国在火药和火器的使用、改进方面再也没有什么创造了，西方人却屡有建树。其实，这是一种误解。

手榴弹是现代战争中的一种常用武器，无论进攻或防守，威力都很大。资本主义国家初次使用手榴弹，是 1904 年 2 月开始的日本和沙皇俄国为重新分割我国东北和朝鲜而进行的日俄战争。而我国云南哀牢山彝族人民创制的兜抛式葫芦飞雷，早在 18 世纪已用于狩猎。由兜抛式改进的手投式葫芦飞雷，这种真正意义上的手榴弹，曾在 1858 年进行的反清斗争中发挥巨大威力，比资本主义国家早了半个世纪。

1. 葫芦飞雷起源

哀牢山为云岭南延分支之一，在元江与把边江之间，绵延 800 余公里。这里属亚热带地区，森林茂密，动植物品种繁多，矿产丰富。元江及其上游礼社江两岸的岩穴中盛产天然火硝，山谷间蕴藏有天然硫黄。

中华民族大家庭成员之一的彝族，世世代代在哀牢山区繁衍生息。他们注意到，不少野兽身上长有寄生虫，偶尔也有皮肤病，在岩羊身上却从未发现过。岩羊，是云贵川藏地区重要狩猎对象之一，善于跳跃和攀崖，生活在悬崖峭壁间。为了弄明白岩羊不长寄生虫、不生皮肤病的原因，彝族猎手进行了长时期的观察，终于找到了答案——岩羊经常在有火硝和硫黄的地方打滚或蹭痒。于是，他们就把火硝和硫黄混合制剂，用来治疗家畜家禽的皮肤病和寄生虫病，果然有效；用以治疗人的皮肤病，效果也很好。

为了增强这种制剂的疗效，他们便进行精加工，把火硝和硫黄一起放入锅里，加水熬炼。在代代相传的熬炼过程中，有人偶尔将用作燃料的树枝当作搅棒，无意中把着火端的炭末混入锅里。这个不经意的动作，竟引出意想不到的后果——当锅里的水熬干时，剧烈的爆炸发生了。彝族人由此认识了火药，逐渐掌握了火硝、硫黄、木炭的配制比例。到了18世纪，进而把火药用于狩猎生产，引发了抛掷式猎器的一场革命。

狩猎，是哀牢山区彝民重要的生产方式。其传统的抛掷式猎器，是一种用竹皮或麻绳编织的敞口网兜，网兜的边沿系有3条1米长短的绳子。猎手放石子若干于兜中，将3条绳子的头儿束在一起，挂在腰间。一旦发现猎物，即攥紧绳头，于空中旋转三五周，再用力抛出，可达四五十米远。如用来打鸟，可用较小的石子；如用来打鹿、羊、狼、狐等野兽，则须放置较大的石子。如果把网兜的绳头系在二三尺长的木棒上，手执木棒旋转几周后抛放，就会抛得更远一些。据说，现代体育项目中的链球来源于这一类活动。

为了提高这种抛掷式猎器的功能，增强其威力，彝民们把火药装进葫芦里以代替石头，这就是葫芦飞雷。

2. 葫芦飞雷的制造和使用

葫芦飞雷（图24）的制造方法和步骤是：（1）拣成熟程度高、果壳坚实的短柄葫芦，柢部开孔。孔径以能塞进具备杀伤力的铅块或铁锅碎片为度，原则是越小越好；（2）掏净葫芦壳内的籽实和瓤子；（3）装入火药、铅块、铁锅碎片或铁矿石渣等物，要注意拌和均匀；（4）塞火草入葫芦颈。这种火草是当地的一种野生植物，有大叶和小叶两种，叶子背面长有一层白色绒绵，剥下晒干后揉为棉线，然后投入木炭热灰中炮制，即成为极易引燃的导火线。

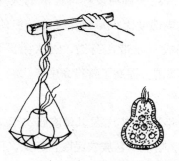

图24　兜抛式葫芦飞雷

使用葫芦飞雷，先放在网兜里，点燃火草后，很快地抛掷出去。最佳效果是，在抛达目标的一瞬间，火草燃及火药发生爆炸，导致弹丸四面八方迸射。要达到这种效果，关键在于掌握火草燃烧的速度，须经过一番认真实践，才能掌握规律。如果抛得太早，葫芦飞雷落到目标附近还不爆炸，只能把猎物吓跑了事；如果抛得晚了，则会在空中运行途中发生爆炸，甚至尚未抛出就爆炸了，有可能给自己带来伤亡。

葫芦飞雷的点燃，有一个认识发展过程。最初的方法，是在发现猎物后，临时用火镰敲打火石引火，先点燃用火草团成的绒球，再用火草绒球去引燃葫芦飞雷的引火线。这样，往往会因费时过长而贻误机会，这边的火尚未打着，那边的野兽已经跑远了。后来改用一种树皮纤维搓成的火绳，效果比较理想。这种火绳燃烧速度比火草慢，又比一般的纤维要快。人们把这种火绳绕成一卷带在身边，进入猎区后点燃，随时即可用来引燃葫芦飞雷，提高了狩猎命中率。

3. 碍嘉战役

清咸丰六年（1856年），哀牢山区以彝族雇农李文学为首的彝、汉、白、傣、苗、哈尼等各族农民联合起义，反抗清政府的残暴统治。他们手中只有刀、叉、戈、矛、弓箭等原始武器，清军和地主武装却拥有火枪、火炮。为了改变武器方面的劣势，彝军决定大量制造葫芦飞雷。他们发动各族人民在田头地脚、房前屋后广种葫芦，大量采集野生火草，剥绵储用。同时，将火药匠师集中在几个大型岩洞里，由专人负责监制葫芦飞雷，并对先锋部队将士进行使用葫芦飞雷训练。经过两年的准备，起义军决定先拿下碍嘉。

碍嘉位于哀牢山北段东麓，礼社江畔。这里出产铁、铅、铜等矿产，有官绅地主经营的矿场。是滇西双柏县境内的重镇，是哀牢山的经济中心和军事要塞。当时驻扎碍嘉的清军有六七千人，自恃人多势众，武器精良，根本没把起义军看在眼里。他们的探子发现起义军有腰系葫芦者，并向长官作了汇报。清军首领没当一回事，有的说，彝族人爱喝酒，那葫芦是装酒的；有的说，想打仗哪里顾得上喝酒，一定是盛水的水葫芦。正如俗话所说：不知道葫芦里装的什么药。他们做梦也没想到，里面装的竟是火药和弹丸，是要人性命的玩意儿。

清咸丰八年（1858年），秋末季节。彝族起义军开到距碍嘉城十五六公里的地方，迟迟没有发动攻势。清军误认为起义军害怕火枪、火炮，不敢靠近攻城，于是军心逐渐懈怠，守备日趋疏忽。没想到在一天黎明时分，西门和北门同时响起隆隆的轰炸声，铅块、铁片、矿渣四处飞溅迸射。守城炮手和护炮的枪手伤的伤、死的死，土筑碉堡被攻破。清军闹不清起义军使用的什么奇妙武器，惊恐万状，乱成一团。城里又有内应打开城门，起义军两三千人一拥而入，顺势占领制高点及交通要道。清军不敢恋战，弃城溃逃。

在这次战役中，彝族起义军还使用了一种直接用手投掷的长柄葫芦飞雷（图25）。兜抛式葫芦飞雷多集中用来摧击距离较远的碉堡，袭击比较集中的敌人；肉搏格斗前则投掷长柄葫芦飞雷，炸死炸伤敌人。这种手榴弹，在此后的多次战役中都发挥了巨大的威力。

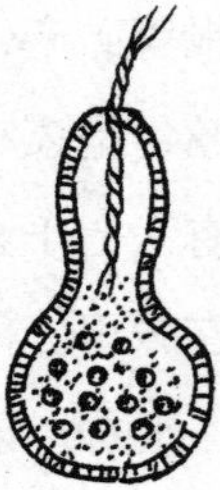

据说，后来清军捡到了葫芦飞雷，便想仿造。葫芦、火药、弹丸，都容易得到；不好解决的难题是导火索：炮制不好，燃烧太慢，不能及时引爆；尝试在引火草中掺入火药，又燃烧太快，来不及抛出就发生爆炸。总之，清军最终也没有仿制成功。

图25 手投式
葫芦飞雷

（五）蠡帽·水壶·腰舟·神剑

除上述用作火器外，葫芦在军事方面还可派作其他用场，如制作蠡帽、水壶、腰舟，研磨宝剑等。

1. 蠡帽

军事行为基本可分为进攻和防御两种。为了减少伤亡，保存战斗力，古人创制了各种防护装备，除盾牌、甲胄外，还有一种蠡帽。唐杜佑《通典·兵五》中说："凡攻城之兵，御捍矢石，头戴蠡帽，仰视不便。"意思是：大凡攻城的将士，为了避免敌军从城上射来的箭或抛下的滚石击中头部，大都戴上用葫芦做的头盔。戴这种头盔，缺点是不便于仰视。这种头盔系截用葫芦之腹部，略做加工即成；也可以截取得长一些，套住整个头部和颈部，像民间游戏中的大头娃娃那样。

头部是人体最重要的部位。葫芦被遴选担当保护人之头部的重任，是由它的特质决定的。葫芦质地坚实，表面光滑，可以承受相当大的冲击力，还能使落物快速侧滑，减轻冲击力量。1200 年前被记入典籍的蠡帽，当为后世钢盔之鼻祖。

2. 水壶

葫芦作为盛器，可谓源远流长，前面已经述及。用葫芦盛水，适合于旅行远足、行军打仗。唐段成式《酉阳杂俎》所说"若欲取水，以骆驼髑髅沉于石臼中取水，转注葫芦中"，正是古代边塞军旅生涯的真实写照。现代军人每人配备一只铝或高强塑料制成的水壶，行军拉练，军事演习，都要带在身上。这水壶被呼为"水葫芦"，从中仍能窥见古代用葫芦作军用水壶的影子。

3. 腰舟

葫芦被军事家看中，还因为它具有漂浮性能。《国语·周语》："夫苦匏不材，与人共济而已。"意思是：苦葫芦不好派大用场，不过，能载人一起渡过江河。古人早就认识到葫芦的这一性能，因而称之为"腰舟"——可以挂在腰间的船。

自古以来，利用葫芦泅渡江河湖泊以袭击敌人的战例是很多的。一直到了抗日战争时期，仍有黄河岸边的抗日队伍用葫芦作舟，袭击日寇据点的例子，被称作"葫芦兵"。葫芦兵装备轻便，灵活机动，常常给敌人以出其不意的打击。他们的光辉业绩和葫芦一起载入了中国人民反抗外侮、争取民族解放的史册。

旧时渔民多种葫芦，一是为了获取腰舟，增加海上作业的保险系数，二是为了获取渔网浮子。如今用以捕捞和养殖的浮子多为塑料所制，但渔民们仍沿用旧称，呼作"葫芦儿"。当代军舰兵船上装备的救生圈，就是由葫芦演变而来。

4. 神剑

出于对葫芦的崇拜，古人给它涂上了一层神秘色彩，留下不少离奇却有趣的传说。

道教认为，神仙栖息的胜境阆苑中有十洲三岛。说十洲中的流洲在西海中，上面有许多高山河流，有积石名昆吾，可冶炼为铁。用这种铁铸成的宝剑，像水晶一样透明，能削玉如泥。昆吾，即"葫芦"的音转。

在阴阳文化中，葫芦不但有"削玉如泥"的神力，还具有以柔克刚的特长。据王充《论衡》载，春秋吴国名剑干将能切金断玉，削铁如泥，于百步之外飞起取人首级。如此厉害的宝剑，其刃如果不经葫芦研磨，则不能伤人。

六　蔚为大观的地名

地理实体命名作为一种文化现象，也不可避免地受到葫芦的影响，构成了地名领域中的葫芦景观。从地名领域的葫芦现象，可以看出葫芦在中国大地生长区域之广，可以看出古人的美学观念、哲学思维以及生殖崇拜心态，还能从一个侧面看出中国传统文化高度凝固乃至封闭的特点。

（一）广阔的覆盖范围

北魏郦道元所著《水经注》中的 2 400 条地名，现代著名地理学家陈桥驿教授按其所出归纳为"二十四源"，其中就有植物一源。而在植物这一类型中，相较于其他草木，葫芦的出现频率是很高的。以葫芦命名的地理实体覆盖山丘、河流、城邑、关隘、井泉、湖沼以及亭台寺观等各种类型，而且遍布东西南北。下面择其重要的作一介绍。

1. 山丘

（1）葫芦山。在山东临朐县，有金矿，已经开采。临朐县在沂山北，境内自古及今有较浓的葫芦文化氛围。临朐宾馆内的"沂山茅舍"，辟有"葫芦文化展室"，吸引了不少中外游人。

（2）葫芦墩。一在台湾丰原市，市街中心有一小丘，状若葫芦，因以名之；一在湖北省阳新县，产煤。

（3）瓠山。在山东东平县旧城北 10 公里，山圆而长。《汉书·宣元六王传》："瓠山石转立。"颜师古注：山以瓠名，"为其形似瓠耳"。山上有汉东平思王宇墓。《皇览》载："东平思王冢在无盐，人传言王在国思归京师，后葬其冢上松柏皆西靡也。"

（4）蠡山。在宁夏上党区南。明王越《过韦州》诗："借问蠡山山下路，几人曾此觅封侯?"又刘牧有"蠡山雨洗高嵯峨，群峰叠翠攒青蠡"句。

（5）壶山。据臧励和《中国古今地名大辞典》有 4 座。其一在山东莒县北。《汉书·地理志》："灵门有壶山，浯水所出。"这座山就是《水经注》所说的浯山，因音近而讹。其二在山西长治市东南，跨壶关县界，又名壶关山、壶口山，两峰夹峙而中虚，状若葫芦。其三在河南鲁山县南 10 公里，形圆如壶。《汉书》载，术士樊英曾隐居于此山之阳。其四在云南永北县东，峰峦耸立，宛如壶状，清流环抱，潺潺有声，山后有吴道子《观音》石刻。另外还有一座，在浙江武义县壶山镇西北约 1 公里，上有潭水，其状如壶，又名湖山，属仙霞岭，海拔 280 米。

（6）壶头山。其一在湖北崇阳县北，两岩夹峙，一泓流出，为崇阳水口。其二在湖南沅陵县东北 65 公里，接桃源县界，为马援征五溪蛮停军处。俗以为山头与东海方壶相似，故名。《后汉书·马援传》：“（马）援进军壶头，贼乘高守隘，水疾船不得上。会暑甚，士卒有疫死，援亦中病，乃穿岸为室以避炎气。”其三在四川彭水县，山形似壶。

（7）壶口山。其一在山西吉县西南 35 公里。黄河自北来流经山侧，上下游河床高低悬殊，两岸束狭如壶口，故名。《书·禹贡》：“既载壶口。”即此。河水坠入一大石潭中，落差达 20 米。每逢雨季，激起的浪花高达数丈。这就是著名的“壶口瀑布”。其二在山西临汾市西南，又名平山。《水经注》：“平水出平阳西壶口山。”其三在山西浮山县西南，一名蜀山，绵亘数十里，东连龙角山，西接崇山。

（8）壶公山。在福建省莆田市南。《九域志》中说："壶公山，昔有人隐此。遇一老人引于绝顶，见宫阙台殿，曰：'此壶中日月也。'因名。"山顶有泉，出石穴中，其盈缩应海潮，中有双蟹，名曰"蟹井泉"。又有真净、灵云、虎丘、盘陀诸岩，泉石罗列，名胜不一。

（9）瓠丘。一作壶丘，又名阳壶，在今山西垣曲县东南。《左传·襄公元年》中所说"彭城降晋，晋人以宋五大夫在彭城者归，寘（zhì 即置）诸瓠丘"，就是这里。

（10）弃瓢岩。在河南登封市南箕山上。相传，尧时许由曾在这里居住，只有一只水瓢酌水，挂于树枝。风吹瓢鸣，以为烦，掷去之。故名其地曰"弃瓢岩"。

2. 关隘洞穴

（1）壶关。在广西崇左市北。崇左县城三面临邕江上游之左江，唯有北面通陆路，江流屈曲，形如葫芦。明朝曾在这里置关。

（2）壶口关。一在山西长治市东南。《左传·哀公四年》："齐国夏伐晋，取壶口。"时在公元前 491 年。《通鉴》注："潞州上党有壶口关，因以险而置关焉。"一在山西黎城东北之太行山口。《金史·地理志》："黎城县有白岩山，故壶口关。"《河南通志》："壶口故关，即今吾儿峪。"

（3）冰壶洞。浙江金华北山三洞之一。系石灰岩溶洞，深50多米。因洞口朝天，口小腹阔，其状如壶，寒气逼人，故名。有瀑布从右侧洞壁石隙飞泻，下无潭，四散潜流。洞底有石笋等异石。

（4）司岗里。云南西部佤族聚居区的一些特定洞穴，意为"出人洞"。"司岗"系沧源佤语"葫芦"的音译。佤族古歌《司岗里》中说，佤族与汉、彝、水、白等族人都是从葫芦里走出来的，司岗里是人类的发源地。

3. 河流

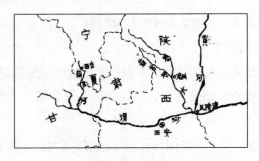

图26　黄土高原两条葫芦河

（1）葫芦河。黄土高原上有两条葫芦河（图26）。东边的一条，发源于甘肃华池县东，过太白镇入陕西境，至交河口镇汇入洛河，于风陵渡西约 50 公里处注入渭河。西边的一条，发源于六盘山主峰西北宁夏境内之西吉县，南流至静宁入甘肃境，为渭河源头之一。唐郑谷《江宿闻芦管》诗："须知风月千樯下，亦有葫芦河畔人。"而《中国古今地名大辞典》说：蔚茹水，一名葫芦河，即今清水河。显然是弄错了。清水河发源于六盘山主峰以北开城岭，北流至宁夏中卫市入黄河。西边的葫芦河与清水河的源头仅一山脊之差，可能这正是臧励和弄错的原因所在。这两条葫芦河之间的地域，正是上古周族的发祥之地和生息之地。"绵绵瓜瓞，民之初生"，那首诗就产生在这里。至今，陇东葫芦河畔，也就是出土新石器时代粗陶制品葫芦人首瓶的大地湾文化遗址周围地区，仍流传着这样一个故事：很久以前，有一对无儿无女的老夫妻，住在葫芦河边。有一天大雨过后，河里漂来一只葫芦，老人抱回家里，从里面走出来一男一女两个小孩子。① 另外，还有一条葫芦河，在河北宁晋县东南，亦作葫芦泊、宁晋泊，实际是葫芦形状的浅湖。旧为漳、滏、滹沱诸水所汇，纵横

---

① 见《民间文学论坛》1990 年第 6 期。

各15公里，久已湮为洼地，泯、洨、槐、洛等河流经此地，向东汇入滏阳河。

(2) 葫芦溪。在四川丰都县，上游称三江溪，自石柱县汇诸水西南流，在丰都县南注入长江。《寰宇记》记有望涂溪西流至丰都县南注蜀江，即此。

(3) 瓠子河。故道自今河南濮阳市南分黄河水东出，经山东鄄城、郓城南，折北经梁山、阳谷，至阿城镇折东北经茌平县，东注济水。《史记·河渠书》载："今天子元光之中，而河决于瓠子，东南注巨野，通于淮、泗。"汉武帝曾因此事作《瓠子歌》两首。其一曰：

> 瓠子决兮将奈何？皓皓旰旰兮间殚为河！
>
> 殚为河兮地不得宁，功无已时兮吾山平。
>
> 吾山平兮巨野溢，鱼沸郁兮柏冬日。
>
> 延道驰兮离常流，蛟龙骋兮方远游。
>
> 归旧川兮神哉沛，不封禅兮安知外。
>
> 为我谓河伯兮何不仁，泛滥不止兮愁吾人？
>
> 齧桑浮兮淮泗满，久不反兮水维缓。

20年后，汉武帝亲临瓠子决口处，发卒数万人，沉白马玉璧，令群臣从官皆负薪，塞之，使黄河回归故道，并筑宫其上，名字叫"宣房宫"。《瓠子歌》第二首中有"宣房塞兮万福来"句。唐高适《自淇涉黄河途中作》诗之十："宣房今安在，高岸空嶙峋。"明李东阳《瓠子河》诗有"沉璧余瓠子，横汾怀帝歌"句。《水经注》："瓠河又左经雷泽北。其泽薮在成阳故城西北 10 余里，昔华胥履大迹处也。"

（4）壶水。源出山西壶关县西北 1 公里壶关山，北流折而西，经长治城北入于浊漳河，下游称为石子河。

（5）壶流河。发源于恒山，山西广灵县西 15 公里处，向东流入河北蔚县，入桑干河。古时称祁夷水。

（6）壶源江。又名壶溪、壶源溪，钱塘江支流，因源于壶山而得名。源出浙江浦江县西部的大库岭（海拔 913 米），流经浦江、桐庐、诸暨等县，在富阳区场口附近注入富春江。河流迂回曲折，滩多流急。

4. 湖沼

（1）瓠口泽。又名焦获泽。在陕西省泾阳县西北，为泾河下游潴滞区。《诗经·小雅》："整居焦获。"《括地志》："焦获薮，亦名瓠口，亦曰瓠中。"这一带是上古周族的主要活动区域。

（2）悬瓠池。在河南汝南县城（又名悬瓠城）北 1 公里汝水之曲,俗呼"鹅鸭池"。唐李愬入蔡州奔袭吴元济,半夜时分兵至悬瓠池。水池四周尽是鹅鹜等水禽。李愬传令击之,以乱军声。这个故事就发生在这里。

(3) 蠡湖。一在江苏无锡市东南20公里。《寰宇记》:"范蠡伐吴,开造此渎。"《通志》称它作"漕湖"。韦昭认为是五湖之一。孟简曾经疏浚过,所以又名"孟河"。一在湖南汉寿县东15公里,跨沅江市界,为洞庭湖的一部分。《寰宇记》:"范蠡游此,故名。"又名"赤沙湖"。五代汉乾祐元年,马希萼自朗州率水军攻其弟马希广于潭州,兵败自赤沙遁还,即此。

(4) 壶卢海。在内蒙古自治区察哈尔右翼前旗东部,又名"黄旗海",是如浑水的源头。唐显庆年间曹怀舜击突厥叛部,自壶卢泊率领骑兵进至黑沙,即此。《水经注》称作"旋鸿池"。

(5) 葫芦沼。在四川开州区西北盛山。唐韦处厚有《盛山十二景》诗,其一为《葫芦沼》。

5. 井泉

(1) 葫芦井。在江西高安县西。明熊茂松有《葫芦仙井》诗。

（2）壶井。在福建长乐区东北 30 公里，濒临东海，当闽江入海处。其水潮至则咸，潮退则淡。井旁有山，因井而名"壶井山"。山上有"百丈崖"，登之可俯临沧海。壶井山突出于闽江江中，居民环绕成市。

（3）瓢儿井。在贵州毕节市东北，因井名镇。1935 年中央红军长征途中，四渡赤水曾经过这里。

（4）葫芦泉。在山西稷山县北。明刘三锡有《观葫芦泉诗》。

（5）瓢泉。一名周氏泉，在江西铅山县东南。辛弃疾落职后曾长期闲居于此泉近处，有《水龙吟·瓢泉》词。

6. 岛屿

葫芦岛。其一在渤海锦州湾畔。岛长 3 公里，西北—东南走向，北端窄狭，南端稍宽，中央部位呈丫腰状，形如葫芦。全岛斜置海中，四面有山环绕，附近水深八九米，冬季不封冻，为辽东湾重要港口。清光绪三十四年（1908 年）奏定辟为商埠，1956 年曾由辽宁锦西县析出设市，1957 年撤市改镇。其二在福建平潭县东北海中。其三在浙江普陀县沈家门镇东北 15 公里，距我国佛教四大名山之一普陀山 1.5 公里，西北又有小葫芦岛。面积 0.94 平方公里，周围水域盛产墨鱼、带鱼、鲳鱼及虾、蟹。

7. 城邑

(1) 葫芦山镇。在福建南平市东南，闽江北岸，鹰潭至福州铁路经过这里。

(2) 葫芦溪镇。在四川三台县西北，嘉陵江支流涪江上游。一向设有盐课大使，后分驻县丞，置县佐。现省作芦溪镇。

(3) 葫芦寨。湖南保靖县东南30公里，位于武陵山腹地，隶属于湘西土家族苗族自治州。清朝有千总额外外委驻防，现为镇。

(4) 壶丘。春秋时陈地，在今河南新蔡县东南。《左传·文公九年》："楚侵陈，克壶丘。"

(5) 壶城。即今广西崇左县治。《清一统志》："太平府城，一名壶城，以丽江自西北来，经城南折而东北，屈曲如壶也。"

(6) 壶镇。在浙江缙云县东北22公里。据瓯江支流好溪的上游，扼交通要道，为缙云县首镇。

(7) 蠡县。汉为蠡吾，晋改博陆，唐称蠡县，并为州治，今属河北保定市。

(8) 蠡城。在今河南洛宁县西，后汉建安年间渑池县治此。《三国志·贾逵传》："逵除渑池令，时县寄治蠡城。"《水经注》："洛水过蠡城邑南。"

（9）瓢城。盐城的别称。汉武帝元狩四年（前 119 年）始建盐渎县，晋改盐城。明永乐年间为防海盗入侵，将原来的土城改为砖城。城的形状椭圆而长，东阔西狭如葫芦，葫芦梗在西门。这里受海潮威胁，常闹水灾，把城筑成瓢形，取漂浮于水、不被水淹之意。所以，盐城又名瓢城。这里是著名的抗日革命根据地。为纪念新四军军长叶挺同志，1946 年曾更名为"叶挺城"。

（10）悬瓠城。今河南汝南县治。《水经注》说："汝水东经悬瓠城北，城形若悬瓠然。"悬瓠之名始于晋朝。地理位置重要，历来为兵家必争之地。东晋兴宁二年（364 年），燕李洪等攻汝南，败晋兵于悬瓠城，以及李愬定袭击蔡州之谋，夜半至悬瓠城，就是这里。

（11）瓠河镇。因近古瓠子河而得名。唐代景福初年，朱全忠击天平帅朱瑄，屯军瓠河。

（12）葫芦王地。清代到解放的汉文著作中对佤族聚居的阿佤山区的称谓。佤族流传有许多人类起源于葫芦的神话故事，有强烈的葫芦崇拜意识，其部落首领被称为"葫芦王"。

《中国古今地名大辞典》有"葫芦野夷"条，词虽不雅，有民族歧视意思，却道出了一些历史真情："在云南澜沧县西南南卡江附近，为佧佤等诸种类所居，有上下蟒冷及 12 家土寨。清乾隆间曾内附，后以距内地远，官弁畏瘴罕至，遂负其险阻，崛强自雄，既不属华，亦不属缅（甸）。光绪十二年（1886 年）为英灭，英人用兵胁服，然土险俗悍，尚叛服不常云。"

（13）哨葫芦。中亚地区的陕西回民村。清同治元年（1862 年），陕西大荔、渭南、华州一带爆发回民反清起义，史称"华州事件"。义军转战陕甘宁青等省十余年，于 1873 年失败。余部由首领白彦虎率领向西退入俄国境内，留住托克马克地区，名为东干族。现有 10 万人，居住于营盘、新渠、哨葫芦等乡庄，至今保留陕西的方音方言、风俗民情。其中哨葫芦村有 3 000 户。按：大荔、渭南、华州 3 县地处渭河平原东部，其中大荔在洛河东，渭南、华州在洛河西，而洛河上游最大的支流就是黄土高原东边的那条葫芦河。其实"洛"也就是"葫芦"的急读。

8. 亭台寺阁

（1）匏瓜亭。在北京市城区东南东便门外。元王恽《匏瓜亭》诗："筑台连野邑，架木系匏瓜。"北京东便门内原来还建有供奉生殖女神王母娘娘的蟠桃宫，又称太平宫，俗呼为王母娘娘庙。古人出于生殖崇拜意识，把匏瓜亭作为蟠桃宫的配套建筑。王母乃尊神之一，理应居于城内，而要种植具有繁衍人烟象征意义的匏瓜，则需到城外，两者又不能相距太远，因而一个在城门里边，一个在城门外边。

（2）蠡勺亭。原在山东莱州境内，近海。清王士禛有《蠡勺亭观海》诗。《汉书·东方朔传》："以蠡测海。"一般用来比喻见识短，看不见事物的全貌。李商隐《咏怀寄秘阁旧僚》诗："典籍将蠡测，文章若管窥。"蠡勺亭当为文人所建，暗喻一个人所涉及的知识相对于知识海洋来说，是多么的渺小。

（3）蠡泽寺。又名应天寺，在江苏吴江区西南，因处蠡泽湖畔而得名。

（4）蠡园。著名园林，在江苏省无锡市西南五里湖畔。优美玲珑，以假山著名，为太湖游览胜地。

（5）壶天阁。在泰山中路柏洞北。此处四面环山，犹如道家典籍所描绘的壶天仙境，故名。阁为跨道门楼式，黄瓦盖顶，创建于明嘉靖年间。原名升仙阁，清乾隆十二年（1747年）拓建后改今名。门洞两侧镌有清嘉庆年间泰安太守崔映辰和泰安知府廷镃所撰楹联各一副：

> 壶天日月开灵境
> 盘路风云入翠微

> 登此山一半已是壶天
> 造极顶千重尚多福地

（二）彭蠡泽、笠泽名称的来历

1. 彭蠡泽

彭蠡泽，即今鄱阳湖，我国第一大淡水湖。在江西省北部，为赣江、修水、鄱江、信江等河流的总汇。跨南昌、进贤、余干、波阳、都昌、星子、德安、永修诸市县，面积近3600 平方公里。湖面海拔 21 米，最深处达 16 米，湖水北经湖口注入长江。

鄱阳湖这个名字，始自隋代，因水域接近鄱阳山而得，至今不过 1400 年的历史。彭蠡这个名字，则见于《禹贡》。《禹贡》是《尚书·夏书》中的一篇，是成书于战国时期的我国最古老的地理学著作。《禹贡》："彭蠡既潴。"

《中国古今地名大辞典》说：鄱阳湖，"南曰宫亭湖、族亭湖，北曰落星湖、左蠡湖"，"中为细腰"。（图 27）从地图

可以看出，鄱阳湖以都昌—德安一线分为南北两部。南北两
部俱膨大，南尤甚之。而中间狭隘，浩淼 300 里鄱阳湖至此
"束为一带，如葫芦之中腰"（《大中华江西地理志》）。这一带
水面称罌子口，为古地理断陷。罌，《说文解字义证》释为
缶；《急就篇》颜注："罌，甄之大腹者也。"《汉书·韩信传》：
"以木罌缶渡军。"颜注："罌缶，谓瓶之大腹小口者也。"即葫
芦状容器。自湖口迤北，鄱阳湖以一脉之水与长江相通，宛
如葫芦之细柄，而既长又宽的长江，则像一根葫芦藤。由于
自然和人为的原因，近些年来鄱阳湖的面积缩减不少。历史
资料表明，年代愈是久远，鄱阳湖的葫芦形状愈是明显。

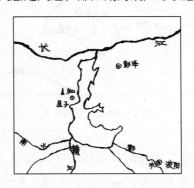

图 27　两汉时期的彭蠡泽

《说文》释"彭"为鼓声，当是形容这一片水域水势之

大，汹涌澎湃，声如鼓鸣。彭也与"膨"通，"彭蠡"就是放大了的葫芦。

2. 笠泽

笠泽，就是今天的太湖，我国第三大淡水湖。在江苏省南部，为长江和钱塘江下游泥沙堰塞古海湾而成。面积2400平方公里，湖面海拔3米左右，最深处达4.8米。西南纳苕溪、荆溪诸水，东由浏河、吴淞江（苏州河）、黄浦江泻入长江，是江南水网的中心。(图28)

图28 南朝时期的太湖

太湖，古时候叫震泽、具区，又名笠泽。《禹贡》："三江既入，震泽底定。"春秋时吴越两国以此为界。《左传·哀公十七年》载："越子伐吴，吴子御之笠泽，夹水而阵。"笠，用竹或草编成的用来遮阳避雨的帽子。这种帽子是圆形的。笠泽当是以形状来命名的，即笠状的圆形大湖（太，就是大的意思）。而葫芦也是圆形的，且"笠"与"蠡"同音。

再从太湖周围的一些地名看，这个大湖确实与葫芦有密切联系。如蠡口镇，《续图经》说："蠡口在长洲界。昔范蠡扁舟泛五湖，盖尝经此。"把蠡口的得名，归之于范蠡由此经过，不确。范蠡作为一个政治家、军事家、外交家，助勾践20余年，灭吴后游齐，后又经商致富，其一生所过之地多矣，为什么别的地方绝少用"蠡"字来命名呢？实际上，蠡口的名字是从太湖得来的。太湖，形状像葫芦，又"笠"、"蠡"同音，蠡口，就是葫芦嘴，湖边的交通枢纽，乃言其地理位置的重要。

值得注意的是，太湖周围还有不少地方以"蠡"命名。湖之北端称五里湖，又名蠡湖，附近有无锡著名园林——蠡园；湖南端有蠡市，也作蠡墅。它们的得名，都应与太湖有关，从根本上说，是与葫芦有关。说"范蠡由此经过"一类的话，纯属望文生义，牵强附会。

（三）"昆仑"释源

在中国的神话中，有一座巍峨神圣比希腊神话中的奥林匹斯山有过之而无不及的大山——昆仑山。它笼罩着一团厚不可测的神秘气息，使中华民族一代又一代人产生强烈的昆仑崇拜意识。古代典籍是如何描述它的呢？

《史记·大宛传》引《禹本纪》：

> 昆仑其高二千五百余里，日月相避隐为光明也，其上有醴泉、瑶池。

《山海经·西次三经》称：

> 昆仑之丘，是时惟帝下之都，神陆吾司之。其神状虎身而九尾，人面而虎爪；是神也，司天之九都及帝之囿时。

《山海经·大荒西经》则说：

> 西海之南，流沙之滨，赤水之后，黑水之前，有大山，名曰昆仑之丘。有神——人面虎身，文尾，皆白——处之。其下有弱水之渊环之，其外有炎火之山，投物辄燃。有人戴胜，虎齿豹尾，穴处，名曰西王母。此山万物尽有。

在古人心目中，昆仑山是天下最高的山，是神仙聚居之处，所以有许多奇异的事物；并且认为，登上昆仑山，就可以长生不老，一直走上去，可以登上天庭，成为神仙。《说文》:"仙,人在山上貌,从人从山。""仙,升高也。"先秦典籍中皆用作动词;作名词用,是后来的事,义为升去了的人。《释名·释长幼》:"仙,迁也,迁入山也。故制其字人旁作山也。"神话中的升天,也就是升山,这山就是昆仑山。如《列仙传》说赤松子"能入火自烧,往往至昆仑山上"。

传说中的昆仑山在哪里?这是许多人关注的问题,也是学术界的一个未解之谜。2000多年来,许多人孜孜不倦地探讨这个问题,其中有历史学家,有地理学家,有达官贵人,也有平民百姓,甚至个别皇帝也参加了进来(如汉武帝),得出的答案形形色色,不一而足。如果说,古人由于时代局限,还有情可原的话,那么,在给神话这种文学形式以科学定义之后,人们就应该明白,对昆仑山地望的地理学论争,是多么的幼稚,就好像听"很久很久以前"的故事,非要问清楚是哪一年一样。

昆仑山有多少?《中国古今地名大辞典》列有七八个之多(当然,还有未收入者),登之能成仙的是其中的哪一座?哪一座也不是。倒是清代学者毕沅(1730~1797)注《山海经》时一句话说得有道理——"昆仑者,高山皆得名之"。这就启发我们应当从语义阐释角度入手,去考察昆仑神话潜在的象征意义。

昆仑，本义为广大无边。《太玄经》："昆仑者，天象之大也。"《集韵》："昆仑天形。"古人认为天圆地方，昆仑既是"天象"、"天形"，那么，它的形状一定是圆的，与葫芦相同。《大辞典》释昆仑"同浑沦"。《列子·天瑞》说："太初者，气之始也。太始者，形之始也。太素者，质之始也。气形质具则未相离，故曰浑沦。"指的是天地形成前，阴阳未分，一团混浊迷蒙的状态，与葫芦腹大口小，给人以奥秘难知的感觉相同。俗语："闷在葫芦里"，"不知葫芦里卖的什么药"。浑沦，即浑沌、混沌，其实都是葫芦的音转。庞朴认为："混沌，在汉语中有各种音变，分别用以命名不同的事物，如：昆仑、馄饨、糊涂、囹圄、温敦、混蛋、葫芦等。"①

在我国的创世神话中，伏羲、女娲（这两个名字的本义均为葫芦或瓜）兄妹的避难之所多为葫芦，但也有说是昆仑山的，如唐李冗所撰《独异志》：

> 昔宇宙初开之时，只有女娲兄妹二人，在昆仑山，而天下未有人民。议以为夫妻，又自羞耻。兄即与其妹

---

① 《黄帝与混沌：中华文明的起源》，《文汇报》1992 年 3 月 10 日。

上昆仑山，咒曰："天若遣我兄妹二人为夫妻，而烟悉合；若不，使烟散。"于烟即合。其妹即来就兄，乃结草为扇，以障其面。今时人取妇执扇，像其事也。

更有干脆把葫芦与昆仑山扯在一起的，二者同时出现。如《混沌初开》的故事：

> 第二场大洪水的恐惧还没有在神人的记忆中消失，第三场更大的洪水接踵而至。这一天，一对十多岁的少男少女正在昆仑山的一道山崖边玩耍，忽见崖缝中长出一棵葫芦苗。一眨眼的光景，葫芦苗展蔓伸须，爬满了整个山坡，结了一只大葫芦。突然，葫芦开口说话了："好孩子，洪水马上要泡天了，快钻进我肚子里来吧！"少男少女就爬进葫芦口，躲过了水灾。后经玄黄老人点拨，两人长大后结了婚，繁衍了中华子孙。[①]

在少数民族关于人类起源与再生的神话传说中，也有不少把葫芦与昆仑山扯在一起的。如流传于大瑶山区的瑶族古歌：

> 七日七夜洪水发，葫芦浮上到天门。
>
> 七日七夜洪水退，葫芦跌落到昆仑。

---

① 高明强：《创世的神话和传说》，上海三联书店，1988年版，第6页。

只剩伏羲两兄妹，遇见金龟在山林。

伏羲问言金龟道："世上有人没有人？"

答言："人民死尽了，你们兄妹结为婚。"

伏羲答复金龟道："你今听我说原因，

我们同胞又同奶，为何兄妹结为婚？"

兄妹得闻如此语，棒打金龟烂成尘。

赌你金龟再复合，我俩兄妹自为婚。

行过昆仑山脚下，遇见金龟再生身。

当初金龟光滑滑，如今壳背有裂痕。

……从此兄妹便成婚。

终年生下一块肉，变得成千上万人。

分开三百六十姓，百姓中间有瑶人。

"在洪水的神话中，伏羲兄妹避难于葫芦中的故事，也被说成是避难于昆仑山上。昆仑山本身就可以理解为一个放大的葫芦。"① 一言以蔽之，中国神话传说中的昆仑，实际上就是葫芦；播延于中华民族数千年的昆仑崇拜，实际上就是葫芦崇拜。

---

① 辛立：《男女·夫妻·家国》，国际文化出版公司，1989 年版，第 7 页。

七　绚烂多彩的艺术

艺术，是通过塑造形象具体地反映社会生活、表现作者思想感情的一种社会意识形态。它起源于人类的社会劳动实践，是一定社会生活在人们头脑中的反映的产物，具有认识社会生活和鼓舞、教育人民推动历史前进的作用，并多方面地满足人们的审美需要。由于表现的手段和方式不同，艺术通常分为表演艺术（音乐、舞蹈）、造型艺术（绘画、雕塑）、语言艺术（文学）和综合艺术（戏剧、电影）。

艺术离不开形象，经过人们的艺术创作活动，把现实生活中的自然美加以概括和提炼，集中地表现在作品中的艺术美，必须具体地体现在艺术形象之中。艺术形象愈准确、鲜明、生动，艺术形式愈完美并富有创造性，就愈能表现主题思想，感染力也愈强，艺术性也愈高。

在漫长的生产斗争实践中，人们在认识葫芦的实用价值（如作盛器、乐器、药材等）的同时，也逐渐认识到它的审美价值。在人们的头脑中，葫芦被慢慢地升华出来，成为一种美好的艺术形象，进而调动各种艺术手段来表现它，即以葫芦为对象实施各种审美活动。

（一）文学作品

1. 小说

小说是文学的一大类别，叙事性文学体裁之一。它以人物形象的塑造为中心，通过完整的故事情节和具体环境的描写，运用各种表现手法，来反映社会生活的各个方面。

葫芦多出现于神话志怪小说中。在这些产生于社会现实土壤之上的神话志怪小说中，葫芦有着超自然的本领。它神通广大，奥秘无穷，可以呼风唤雨，撒豆成兵，可以抑强扶弱，捉妖拿怪。可以这样说，随便拿出一本神话志怪小说，里面肯定有关于葫芦的故事。文学界公认的典范的神话小说《西游记》、《封神演义》有关内容，将在本书"扑朔迷离的神话"一章中述及。下面仅就笔者手边的笔记小说略举几例，并扼要介绍现代作家张天翼的名作《宝葫芦的秘密》。

（1）笔记小说举隅

笔记，泛指随笔记录、不拘体例的作品。其题材广泛，可涉及政治、历史、经济、文化、自然科学、社会生活等许多领域。其铺写故事，以人物为中心而较有结构的，称为笔记小说。笔记小说产生较早，清代最为繁盛，多为记异志怪。

《醉茶志怪》成书于光绪十八年（1892年），天津人李庆辰（别号醉茶子，？～1897）撰。其中叙及葫芦的，有《分水箭》和《匏异》两篇。《分水箭》的故事说：

> 海河之滨有一方菜园，园中结下一只又大又白的葫芦。一位操南方口音的术士出高价求购。看园老人看出其中必有缘故，说："你如果不说明白，即使给千两白银，我也不卖。"术士不得已，告诉说："天津城中，永定河、子牙河与海河交汇的三岔河底，有一支分水箭。海河能纳百川直流入海，就靠这支箭；如果没有了这支箭，天津则会成为一片汪洋。这个宝贝价值连城，但是有老龙看守，不得靠近。这只葫芦也是一件宝贝，骑上它就可以下到河底，与老龙开战，夺得分水箭。"几天后的一个深夜，术士驾小舟邀看园老人一同前往。他交给老人5面颜色各异的旗子，嘱咐说："我下水以后，会有手露出

水面；你看见什么颜色的手，就给我什么颜色的旗子。"
老人想：分水箭是镇河之宝，是一方人福气所在，如果
被这个人拿去，天津人民岂不都将成为鱼鳖？于是，他
没按术士说的去做，当水中露出白手时，递给的是一面
黄旗，白手再次露出水面，递给的是一面青旗。术士的
尸首从水底浮了上来，身首异处，顺流而下。天津也没
有发生大的水灾。

《匏异》是一篇劝善的文字，全文如下：

> 顺邑李生，闲游野寺。见篱上悬一匏，肥白可爱，
> 摘而怀之。途中小解，缓裳，匏堕于地。裂一隙，有物
> 突出，如鸡破卵。视之，小和尚也。帽脱露顶，神色张
> 皇，转瞬，高如常人，惨然曰："君勿惊悸。予孽僧也，
> 募化财物，悉供淫赌。寺有木佛，予摧为薪。神怒，鞭
> 背，疽发身死，闭魂幽穴。土人掘地出之。飘然一身，
> 恐神究责，匿匏中，不图为君所摘。神责将至矣，奈
> 何！"言毕，长叹而没。

《小豆棚》，作者曾衍东（1751～1830年），山东嘉祥人，
乾隆壬子举人，曾任湖北江夏（今武汉市武昌）县令。共16
卷205篇，其中涉及葫芦的，有《葫芦枣》（本书"扑朔迷离

的神话"一章中将予介绍)、《曾广》两篇。《曾广》的故事说：

曾广是济宁人，自幼孤贫，且游手好闲，20岁上才娶了个相貌丑陋的贫家女为妻。有一天，碰见一个白须如银的道人。道人背着十几只葫芦，在路旁大树下休息，一会儿就鼾声如雷。曾广是好事之徒，他觉得奇怪，便蹑手蹑脚地走过去，拔开葫芦塞子往外倒，结果什么也没有。他不甘心，又用一只眼睛对准葫芦口往里瞅，觉得一股冷气从眼眶中进入，一直透至心膈，眼泪随即哗哗地流出来。从此以后，曾广的这只眼睛具有了透视功能，能看到别人的五脏六腑，看清地下很深的东西。济宁东门有人挖井，挖了很深不见水，想停工不干了。曾广正好闲逛到这里，说："再挖一尺就到泉眼了。"照他的话去做，果然泉水汩汩地冒了出来。人们便把这眼井称作"曾广井"。

《萤窗异草》，署称"长白浩歌子著，武林随园老人评"，4编16卷268篇。其中的《瓢下贼》讲了这样一个故事：

有一个狡黠的偷儿，听说某村某男外出，便于夜间跳墙入室，意欲作案。这时女主人尚未入睡，心中非常害怕。偷儿腹中饥饿，对村妇说："你给我做点儿饭，我吃饱了就走。"村妇做好饭，待偷儿刚吃，突然间跑出门去，随即用一把大锁锁住了房门，并大声呼喊："抓贼啊，抓贼啊!"左邻右舍闻声赶来，开门进屋，竟没有一个人影儿。只见一只水瓢在水缸里微微飘摇，大家也没在意。邻居们以为村妇在玩"烽火戏诸侯"的把戏，相顾一笑，便各自回家歇息去了。这一下把村妇弄蒙了："刚才我不是做梦吧?"看一看灶中火星未灭，桌上杯筷狼藉……还没回过神来，忽听"哗啦"一声，水缸破碎，站起一个湿淋淋的人来。那人用匕首捅死了村妇，翻出其丈夫的衣服，换上后，安然逃遁。

另有《固安尼》一篇，写固安县观音庵的尼姑与法祥寺的和尚通过地道来往聚淫，被县令侦破，用火烧死。文后短评"外史氏曰"中有这样几句："可笑者藤牵蔓引，床头结一对葫芦；堪怜者水尽烟空，月下散几双鸂鶒。"鸂（xī 西）鶒（chì 翅），水鸟名，形体大于鸳鸯而色多紫，也叫"紫鸳鸯"。

(2)《宝葫芦的秘密》

《宝葫芦的秘密》，是我国当代著名儿童文学作家张天翼（1906～1985 年）的代表作之一。作者通过一个孩子的梦中奇遇，向年轻一代指出了一个真理：脱离集体的不劳而获的生活，决不能给人带来真正的幸福。故事生动有趣，引人入胜。

幸福的生活和美好的未来，原是人类自古以来的理想，也是书中小主人公王葆所向往的。他要强好胜，想样样事情干得比别人好，长大后能为祖国做出巨大的贡献，多给集体办好事。有一天钓鱼时，他钓着一只宝葫芦。要说这葫芦，可真是了不起。王葆要活鱼，来了半桶活鱼；想吃熏鱼，就来了熏鱼；还想吃葱油饼、核桃糖、花生仁、苹果、糖葫芦，这些东西马上摆在了眼前；考试答不出题，答好的试卷送来了；青年文艺创作的优等奖状、200 米蛙泳冠军锦旗等等，都有了。宝葫芦代替王葆做了一切要做的事。王葆有的是精力，却没有地方可以活动；有的是时间，却闲得无法排遣。于是，他不得不离开集体，离开学校、少先队，离开老师和同学。

由于脱离集体和不劳而获，王葆好像变成了另外一个人，与别人产生了不少误会和矛盾。经过一番痛苦的思索，王葆认识到宝葫芦的人生哲学的丑恶，明白这完全不是自己追求的东西，终于坚决地把它抛弃了。

2. 诗歌

中国是一个诗的国度。近 3000 年以来，灿若群星的诗人写下了不可计数的华章佳构。这些作品中，涉及葫芦的数量不少。诗人们或运用华丽的辞藻、优美的韵律，描述葫芦的形态之美；或调动深邃的哲理性语言，赞美葫芦的内蕴之秀；或展开想象的翅膀，揭示葫芦的象征意义；或取舒缓悠闲的笔调，抒发葫芦带给的欢快之情。

我国最早的诗歌总集《诗经》共收诗305篇，其中写到葫芦的有9篇。

《邶风·匏有苦叶》："匏有苦叶，济有深涉。"意思是：葫芦熟了叶子枯，河水虽深也能渡。"苦"通"枯"。涉水的人腰间常系葫芦，以防沉溺。

《卫风·硕人》："领如蝤蛴，齿如瓠犀。"意思是：脖子像蝤蛴（qiú qí 求齐）一样白嫩，牙齿像葫芦籽一样洁白而整齐。蝤蛴，天牛的幼虫，色白而长。影响至后世，也多有用葫芦籽来比喻美人牙齿的。唐权德舆《杂兴诗》中有"新妆对镜知无比，微笑时时出瓠犀"句。

《豳风·七月》："七月食瓜，八月断壶，九月叔苴。"意思是：七月里吃嫩葫芦；八月份葫芦长老了，摘下来作壶；到了九月，拿着壶去拾麻籽。

《豳风·东山》："有敦瓜苦，烝在栗薪。"意思是：那圆圆的葫芦，还挂在柴堆上。苦，闻一多训为"瓠"，瓜苦即瓠瓜。

《小雅·南有嘉鱼》："南有樛木，甘瓠累之。"意思是：南方有树朝下弯，累累葫芦把它挂满。樛（jiū 究），又作"杸"，枝干向下弯曲的树木。

《小雅·瓠叶》："幡幡叶，采之亨之。"意思是：葫芦叶子随风翻动，摘来做成可口的菜肴。亨通"烹"。

《大雅·绵》："绵绵瓜瓞，民之初生，自土沮漆。"意思是：像大瓜小瓜接连不断，我们周国的祖先，自古生活在从沮水到漆水这一带。瓞（dié 迭），小瓜。

《大雅·生民》："麻麦幪幪，瓜瓞唪唪。"意思是：大麻和麦子又茂又密，大瓜小瓜硕果累累。唪唪（féng féng 讽讽），也作"菶菶"，茂盛的样子，形容瓜结得很多。

《大雅·公刘》："乃造其曹，执豕于牢，酌之用匏。"意思是：又去那猪群，从牢圈里捉出猪来，宰杀设筵，用大瓢来酌酒。

唐朝是我国诗歌的鼎盛时期。在道教仙话的影响下，一些在诗歌艺术方面各领风骚的伟大诗人也祈神求仙，幻想死后灵魂进入壶天境界。谪仙李白向往"何当脱屣谢时去，壶中别有日月天"（《下途归石门旧居》）；白居易"忽闻海上有仙山，山在虚无缥缈间"，"昭阳殿里恩爱绝，蓬莱宫中日月长"(《长恨歌》),还说"谁知市南地,转作壶中天"(《酬吴七见寄》);韩湘称"一瓢藏造化"(《述志》),刘禹锡则相信"天地一壶中"(《寻汪道士不遇》)。除这些片语碎句外,也有一些专门写葫芦的诗篇。如杜甫的《除架》:

> 束薪已零落,瓠叶转萧疏。
>
> 幸结白花了,宁辞青蔓除。
>
> 秋虫声不去,暮雀意何如。
>
> 寒事今牢落,人生亦有初。

张说的《咏瓢》:

> 美酒酌悬瓢,其醇好相映。
>
> 蜗房卷堕首,鹤颈抽长柄。
>
> 雅色素而黄,虚心轻且劲。
>
> 岂无雕刻者,贵此成天性。

唐人韦肇写有《瓢赋》。《瓢赋》把葫芦的功用、产地及象征意义说得清清楚楚。

> 器为用兮则多,体自然兮能几?惟兹瓢之雅素,禀成象而瑰伟。安贫所饮,颜生何愧于贤哉。不食而悬,孔父尝嗟夫吾岂。离方叶,配金壶,虽人斯造制,而天与规模。柄非

假操而直，腹非待剖而刳。静然无似于物，豁尔虚受之徒，黄其色以居贞，圆其首以持重。非憎乎林下逸人，何事而喧。可惜乎樽中夫子，宁拙于用。笙匏同出，讵为乐音以见奇。牢卺各行，用谢婚姻之所共。受质于不宰，成形而有待。与箪食而义同，方抔饮而功倍。省力而易就，因性而莫改。岂比夫尔戈尔矛，而劳乎锻乃砺乃。于是荐方席，娱密座，动而委命，虽提挈之由君。用或当仁，信斟酌而在我。把酒浆则仰惟北而有别，充玩好则校司南以为可。有以小为贵，有以约为珍。瓠之生莫先于晋壤，杓之类奚取于梓人？昔者沧流，曾变蠡名而愿测。今兹庙礼，请代龙号而惟新。勿谓轻之掌握，无使辱在埃尘。为君酌人心而不倦，庶反朴以还淳。①

　　唐代以后，诗风渐衰，但以葫芦为题材抒情言志者仍多有人在。现就宋、元、明、清4朝各选一首如下：

　　杨万里的《瓠》：

　　　　　　笑杀桑根甘瓠苗，乱他桑叶上他条。

　　　　　　向人便逞痩藏巧，却到桑梢挂一瓢。

---

　　①《全唐文》（第5册），中华书局影印本，1982年版，第4476页。

范椁的《种瓠》：

> 嘉瓠吾所爱，孤高更可人。
>
> 不虚种植意，终系发生神。
>
> 有叶诚藏用，无容岂识真。
>
> 明年应见汝，众子亦轮囷。

高启的《摘瓠》：

> 轮囷卧霜露，秋晓摘初归。
>
> 自笑诗人骨，何由似尔肥。

爱新觉罗弘历的《咏葫芦盒子》：

> 悬瓠何尝有定容，规之成容在陶镕。
>
> 外模设笑得由己，中道立而能者从。
>
> 绎义有符铸人法，摛词无匪慕前踪。
>
> 苑烝种出呈盘覆，贮水沉堪佐静供。

明末清初文学家，与方以智、陈贞慧、冒襄并称"明末四公子"的侯方域（1618～1655），从小刻苦读书，八九岁时即出口成章。有一天，几个在菜园里种菜的和尚到葫芦架下乘凉休息，正碰见侯方域从此路过，便拦住去路，非要他当场作诗不可。小方域请他们出题。一个和尚指着头上的葫芦架说："就以它为题吧。"那和尚头一仰，碰得那发白的葫芦晃晃悠悠。小方域眼珠儿一转，随口吟出：

> 葫芦架下葫芦藤，葫芦架下葫芦明。
>
> 葫芦碰住葫芦头，葫芦不疼葫芦疼。

　　和尚们乍一听，连连拍手称妙。笑过一阵之后，再一回味，觉得不对头：这不是在戏弄我们吗？便要找侯方域算账。谁知侯方域早已跑远了。①

（二）绘画·剪纸

　　绘画和剪纸属于造型艺术。绘画是用笔、刀等工具，墨、颜料等物质材料，在纸、木板、纺织物或墙壁等平面上，通过构图、造型、设色等表现手段，创造可视的形象；剪纸是我国民间传统的装饰艺术，用刀剪将彩色纸张剪成人物、花草、鸟兽、文字等形状，多用以贴于门窗之上，为喜庆饰品。葫芦历来是丹青大师的宠儿，也是民间剪纸艺人刀剪之下的常见题材。

　　李铁拐，或称"铁拐李"，俗传八仙之一。清褚人获《坚瓠秘籍》卷2引《仙纵》：

---

　　① 祁连休：《中国历代文化名人珍闻录》，上海文艺出版社，1989年版，第986页。

铁拐姓李，质本魁梧，早岁闻道，修真岩穴。时李老君与宛丘先生尝降山斋，诲以道教。一日，李将赴老君之约于华山，属其徒曰："吾魄在此，倘游魂七日而不返，若方可化吾魄也。"徒以母病迅归，六日化之。李至七日果归，失魄无依，乃附以饿殍之尸而起，故其形跛恶耳。

八仙各有法宝或说是道具，如张果老的驴，韩湘子的花篮，吕洞宾的箫管，李铁拐的法宝则是葫芦。李铁拐的葫芦神通广大，法力无边。靠着这只葫芦，他抑强扶弱，助善惩恶。因而，这个神话人物受到人们的欢迎、喜爱。

颜辉，宋末元初画家，字秋月，庐陵（今江西吉安）人，善画人物及佛道、鬼怪。存世作品《李仙像》，画的就是李铁拐。造型奇特，用笔有力，腰间所系葫芦比例匀称，形态规整。

有关李铁拐的传说，至明代为一盛期，被吴元泰作为重要人物写进了《上洞八仙传》，即《四游记》中的《东游记》，有关他的画像也多了起来。明刊本《月旦堂仙佛奇踪》中就有"铁拐先生"一幅（图29）。

图 29　铁拐先生（明刊本）

以写意花卉、蔬果为主的近代国画大师吴昌硕（1844～1927 年），一生画葫芦不可计数。其晚年之作《清秋图》（71 岁作）、《秋光图轴》（82 岁作）及《花果册之十·葫芦》，则更见功夫。

现代国画大师齐白石（1863～1957 年），擅长花鸟虫鱼，对葫芦情有独钟。他画肩背葫芦的"李铁拐"，画手攥葫芦的"铁拐李"，还有《好样》、《葫芦》等。笔墨纵横雄健，造型简练质朴，色彩鲜明热烈，把阔笔写意与纤毫毕现巧妙地结合在一起，妙在似与不似之间。在那幅 80 岁时所作《葫芦》上还题诗一首，道出了一代画杰对艺术的不懈追求：

> 点灯照壁再三看，岁岁无奇汗满颜。
>
> 几欲变更终缩手，舍真作怪此生难。

由于人们相信葫芦能驱邪避凶，带来福祉和吉祥，所以，很早以前它就出现在剪纸艺人的刀剪之下。明代地方志《帝京景物略》中有北方许多地方正月二十三日和端午节剪葫芦以贴门的记述。

山东烟台市和高密市都是剪纸之乡，剪纸艺术代代相传，历久不衰。就其风格说，有的简洁古拙，有的纤巧细腻，有的庄重典雅，有的则不乏浪漫色彩。笔者曾见《铁拐李》，系烟台民间剪纸"八仙"组画中的一幅，构图严谨，刀法精巧，阴刻和阳刻巧妙结合，人物栩栩如生。铁拐李单足站立，双目凝视右掌中的葫芦，仿佛念念有词；那葫芦法气氤氲，飘然舞动，仿佛行将捉妖拿怪。《葫芦生肖图》出自高密市剪纸艺人之手，为十二生肖中的老鼠和牛。构图拙朴，别有一番情趣（高密师范学校副校长李玉敏为笔者好友，忍痛割爱，慷慨馈赠）。

（三）雕塑·建筑

雕塑和建筑属于造型艺术范畴，两者的共同之处在于都具有实在体积的形象。

雕塑是雕、刻、塑 3 种制作方法的总称，以各种可塑、可雕和可刻的材料来制作工艺品。这种艺术方式，把人类世界的情感、趣味观念倾注于泥土、顽石、钢铁或枯木之中，经过烈火的煅烧、刀斧的凿刻或熔化后的重新组合，变为各具生命的形体和精神的象征。艺术家以多样的形态和千变万化的色彩，创造出静态或动态的和谐，表现生命的律动，同时体现艺术家的个性特征。

以葫芦为题材的雕塑艺术品，目前所见最早的，产生于距今 7000 年以前的新石器时代早期，自此在人类文明历史的长河中层出不穷。

葫芦瓶。甘肃省秦安县五营乡大地湾原始文化遗址，曾出土一批 7000 年前的陶器，其中以葫芦瓶和人首瓶最为罕见。葫芦瓶整体为葫芦状，人首瓶的瓶口部分为人头状，瓶身呈葫芦形。值得注意的是，这些葫芦瓶的出土地点正是黄土高原葫芦河畔。

葫芦裸妇。1979 年，在辽宁省西部喀喇沁左翼蒙古族自治县境内的红山嘴红山文化遗址发现大型石砌祭坛，出土两件泥质红陶胎孕妇塑像。这两尊塑像残高分别为 5 厘米和 5.8 厘米，均为裸体，大腹圆突，头部缺失，如加上头部，正好是丫腰葫芦形。据专家研究，葫芦裸妇当是新石器时代所崇拜的生育神或农神，为母系氏族社会象征物。

葫芦玉兽。天津艺术博物馆所藏葫芦形玉兽，兽首为小圆，有双耳，腹部呈大圆，下端附短尾而舍去四肢。它是距今 6000 年前新石器时代的奇品。玉兽作者的创作意图已超越自然模拟，而将它作为生命孕育符号，并通过动物丰产的功利观念，表述对生命延续的强烈愿望和宗教感情。

葫芦女神。彝族至今存有浓厚的葫芦崇拜意识。从破壶成亲，经悬壶济世到魂归壶天，葫芦贯穿彝族人一生的全部历程。云南大姚县彝族群众供奉的"葫芦女神"，构思巧妙，称得上民间雕塑中的精品。

寿星像。葫芦是长寿的象征。艺术家在塑造象征长寿的寿星形象时，总要给这个老头儿一个葫芦般的脑袋。那一尊尊出自民间艺人之手的陶瓷寿星像，夸张手法用得都很好。

《铁拐李醉酒》。铁拐李与葫芦须臾不能分离，即使醉得不省人事，也要枕着葫芦睡觉。这件近代雕塑《铁拐李醉酒》，把人带入一个忘我的境地。且不说人物刻画多么细致，单说那葫芦，大胆的夸张，着色的鲜艳，既突出了主题，又增强了视觉效果。

《狮子葫芦》。晋南地区是帝尧的故乡，也是帝尧建都的地方。这一带人民性善情美，渴望平安吉祥，追求世昌人顺，对未来充满美好的憧憬，又疾恶如仇，不畏强暴。出自晋南的陶塑《狮子葫芦》，正表现了该地区人民的这种传统心态和秉性。狮子历来被视为吉祥动物。早在西汉初年，达官贵人的墓门前就出现了以狮子为原型的石雕辟邪。而狮子的吉祥象征，是建立在威武勇猛的基础之上的。《传灯录》："释迦佛生时，一手指天，一手指地，作狮子吼云：'天上天下，唯我独尊。'"文学作品中常把有实力但尚未觉醒的国家和民族称为"睡狮"。《狮子葫芦》（图 30）的审美意义是：高扬和平幸福的旗帜，用斗争去战胜邪恶。

图 30　狮子葫芦（雕塑）

西安春帖子。木板印刷是古老的印刷方式之一。其具有印刷图画古朴拙重、简洁明快等特点，所以，作为一种传统艺术被保留下来。我国古代风俗，在立春那天，要举行迎春仪式，祝贺一年农事活动开始。其中一项活动，就是在门楣上贴春帖子。西安春帖子中的葫芦，既是吉祥的象征，又是粮仓的形象，表现了关中地区人民对丰收的渴望。

印章。世界上别的国家都是以签名作为信用的凭证，唯独我国是"印章一方，以辨真伪"。这一传统由来已久。《周礼·司市》中说："凡通货贿，以玺节出入之。"郑玄注："玺节，今之印章也。"《独断》："秦以前，民皆以金玉为印，龙虎纽，唯其所好。然则秦以来，天子独以印称玺，又独以玉，群臣莫敢用也。"古往今来，印章多得无法计数，但察其形制，也无非方、圆、椭圆以及葫芦状几种。葫芦形状的印章，上自天子，下至庶民百姓，都使用过。现仅据涂邦达《古书画伪讹考辨》略举几例：《晋王献之中秋帖》所钤"御书"，褚遂良所书《兰亭集序》之"江邨"，《褚摹王羲之兰亭帖》之"子京"，《唐李太白上阳台》之"后密"，文同《盘谷》之"铼雪"等。

建筑，是综合性艺术的体现，被称为"无声的乐章"。把葫芦引入建筑领域，反映了人们的审美情趣，以及对美好理想的追求。葫芦状建筑物被赋予浓烈的宗教性，成为庄严神圣的象征。

匏台。《国语·楚语》载："先君庄王为匏居之台。按：圆形，形如匏，故名。"楚庄王于公元前 613 年继位，前 591 年薨，此台当建于距今 2600 年前。楚初立国时建都丹阳（今湖北秭归东南），后迁都于郢（今湖北江陵市纪王城），此台当在今湖北江陵市西北的纪王城。又据"高不过望国氛"一句，可知这座葫芦状台子是观测天地阴阳变化的观象台。

蠡台。春秋时建筑物，原在今河南商丘城内。《水经注》中说："睢阳县（按：睢阳为商丘一度之称）城内有台，甚秀广，谓之蠡台，亦曰升台。"升台，即升仙或灵魂升天之台。《阙子》载："宋景公登虎圈之台。"据以推测为春秋时宋国的牢虎之地。宋景公公元前 516～前 476 年在位，此台约建于距今 2500 年前。

天坛。古时祭天的坛，是祈雨、祈谷的地方。古人认为天圆地方，所以，祭地的坛，如社稷坛为方形，而祭天的坛则为圆形。《易·说卦》："乾为天，为圜。"圜就是圆的意思。东山嘴红山文化遗址发现了 3 个相连的圆形祭坛基址，按南北轴线分布。驰名中外的北京天坛，始建于明永乐十八年（1420 年）。主要建筑有圜丘、皇穹宇和祈年殿，自南向北排列在一条纵轴线上，其间以宽 30 米的砖砌大道相连。这 3 座主体建筑均为圆形，其中圜丘围墙直径约 130 米，皇穹宇围墙直径 65 米，祈年殿基座直径约 30 米。这 3 座建筑物的平面图，即构成葫芦形状。（图 31）圜丘，又称祭天台、拜天台，分为 3 层，每

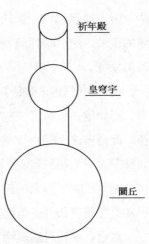

图 31 北京天坛平面图

层周边围以汉白玉石栏。最高层离地面约 5 米，中心是一块略微高一些的圆形大理石，俗称"天心石"或"太极石"。这就是因声音反射原理，站在这块石头上说话声音特别响的"响石"。皇穹宇是存放神灵牌位的地方，其围墙就是著名的回音壁。祈年殿，即祈谷坛，是一座建筑在 3 层汉白玉石基之上的三重檐圆形大殿。中央 4 根柱子代表四季，外围两排各 12 根柱子，分别代表 12 个月和 12 时辰。可以这样说：圜丘、皇穹宇和祈年殿这 3 座建筑物构成平面的葫芦，而它们又分别是立

体的葫芦。

白塔。即喇嘛塔。佛教中的一派——喇嘛教的教物。因通体涂以白垩，故名"白塔"。其造型严峻、厚重，成功地运用葫芦给人以奥秘难知感觉的特点，增加了神秘性，体现了宗教功能，符合形式服从主题这一审美特点。简洁的线条，对称的图形，突出的轴线，曲面、矩形、波折相结合的几何结构等多种建筑语言交替使用，使建筑物具有庄重之美、和谐之美，同时给人以永恒之感。是杰出的宗教建筑之一。我国比较出名的白塔有：北京北海湖中琼华岛上的白塔，建于1651 年，高 67 米；北京妙应寺白塔，1271 年始建，经 8 年乃成，高 50.9 米，尼泊尔工艺家阿尼哥参与设计建造；沈阳四塔，沈阳永觉寺、广慈寺、延寿寺、法轮寺各有一塔，规制相同，按方位依次被称为东、西、南、北塔，塔内供奉天地等佛，农历三月十五日庙会，不生育者不远千里拜佛求子。

（四）诗格・曲牌・俗语・人名

葫芦因形状奇特可爱，受到人们的青睐，人们又从其形状阐发出许多寓意。这从众多的艺术形式中可以看得出来。

葫芦格。起源于南北朝、成熟于唐代的律诗，特别讲究格律。魏庆之《诗人玉屑》引《缃素杂记》说，唐代郑谷与僧齐己、黄损等共定今体诗格："凡诗用韵有数格：一曰葫芦，一曰辘轳，一曰进退。"葫芦格，又称"葫芦韵"。先二后四，如"东"、"冬"通押，先二韵"东"，后四韵"冬"。按照这种要求写成的诗，先小后大，有如葫芦。

曲牌。俗称"牌子"。元明以来南北曲、小曲、时调等各种曲调名的泛称，各有专名。每一曲牌都有一定的曲调、唱法，字数、句法、平仄等也都有基本定式，可以据以填写新曲词。京剧有《碎葫芦》曲牌，用于《贵妃醉酒》、《赵氏孤儿》等戏，是根据昆曲曲牌《油葫芦》中的一段改编的。元曲中的《油葫芦》曲牌，所嵌多谐笑、戏谑之词，或揶揄，或嘲讽，饶有风趣。明散曲家冯惟敏《改官谢恩》中曾用这个曲牌：

> 俺也曾宰割专横压势豪，性儿又娇，一心锄奸剔蠹惜民膏。谁承望忘身许国非时调，奉公守法成虚套。没天儿惹了一场，平地里闪了一跤。淡呵呵冷被人耻笑，堪笑这割鸡者用牛刀。

俗语。是群众创造并在群众口头流传、结构相对定型的通俗而简练的语句。它包括谚语、歇后语（引注语）、惯用语和口头常用的成语。葫芦作为一种形象或象征，在俗语中出现的频率是很高的，对于民族语言的通俗化、形象化起到了一定的推动作用，丰富了人类语言宝库。常用的有：（1）闷葫芦——形容少言寡语。葫芦封闭严密，不透风，不漏气。（2）葫芦里卖的什么药——表示难捉摸，猜不透。（3）葫芦提——糊涂的代用词。关汉卿《窦娥冤》有"葫芦提当罪愆"句；《红楼梦》"葫芦僧判断葫芦案"，则延伸有暗地里搞阴谋诡计、胡作非为的意思。（4）按倒葫芦起来瓢——又作"摁下葫芦瓢起来"，比喻刚解决了一个问题，又冒出来新的问题。（5）葫芦牵到扁豆藤——比喻东拉西扯。义同"东扯葫芦西扯瓢"。（6）按着葫芦抠籽儿——比喻用强硬的手段逼着说真话。《醒世姻缘传》第34回："他打哩真个申到县里，那官按着葫芦抠籽儿，可怎么处？"（7）没嘴儿的葫芦——比喻说不出口或不善说话。《红楼梦》第78回："袭人本来从小不言不语，我只说是没嘴儿的葫芦。"（8）死抱葫芦不开瓢——比喻老是不醒悟。（9）黄瓜刨不过来刨瓠子——比喻欺软怕硬。王少堂《武松》第6回："他呐，黄瓜刨不过来刨瓠子。因为康文太厉害，他不敢跟康文琐碎，就拿知州出出气了。"（10）扳不倒葫芦洒不了油——比喻如果不这样做，就达不到目的。刘兰芳、王印权《岳飞传》第82回："一不做，二不休，扳不倒葫芦洒不了油。整死他得了。"（11）依样画葫芦——比喻照着现成的样子模仿，没有创新。也作"依样葫芦"、"照样画葫芦"、"照葫芦画瓢"、"比着葫芦画瓢"等。文莹《续湘山野录》载：

> 国初文章，唯陶尚书谷为优，以朝廷眷待词臣不厚，乞罢山林。太祖曰："此官职甚难做，依样画葫芦，且做且做。"不许罢，复不进用。陶谷题诗于玉堂曰："官职有来须与做，才能用处不忧无。堪笑翰林陶学士，一生依样画葫芦。"驾幸见之，愈不悦，卒不大用。

另外，还有"指冬瓜骂葫芦"、"信人调，丢了瓢"、"敦葫芦，摔马勺"、"新葫芦装旧酒"、"冬瓜推在葫芦账上"等。歇后语中也有不少以葫芦作喻的：

> 反转一个葫芦，侧转一个扁蒲——出尔反尔。
>
> 没把的葫芦——抓不住。
>
> 闷葫芦盛药——不清楚内情。
>
> 葫芦里卖啥药——不知底细。
>
> 铁拐李葫芦里的药——治不好自己的病。
>
> 孟良摔葫芦——火啦！
>
> 草窠里长葫芦——没见日头就老了。

按葫芦挖籽——挖一个少一个。

架上的葫芦——挂在那里。

葫芦掉在井里——不成（沉）。

门外头挂葫芦——装种。

人名。因葫芦象征吉祥，所以许多人以它来取名。如清代大学者龚自珍的长子龚橙，字昌匏，号匏庵，晚年颓放，别人称之为"匏叟"。有人说，他就是清咸丰十年（1860年）英军焚烧圆明园的引路者。（陈文波：《圆明园残毁考》）杨匏安（1896～1931年），广东香山（今中山市）人，原名锦焘。早年留学日本，1921年参加中国共产党，后在广东从事工人运动。1924年国民党第一次代表大会后，任国民党中央组织部秘书。同年秋，任中共广东区委监察委员。1925年参加领导省港大罢工。1927年出席中共第五次全国代表大会，被选为中央委员。1931年被捕，后在上海被害。以"壶"、"匏"为别号者，更大有人在。元朝：清江人彭铸，号匏庵道人。明朝：吴为，号壶隐道人；秀水人吴鹏，号壶隐翁。清朝：海宁人蒋恩，号壶隐生；厦门人蔡催庆，号壶兰道人；海宁人金麟趾，号壶隐山人；南汇人叶抱崧，号壶岭山人；平湖人陆增，号壶冰道人；释露湛，号壶天散人；青阳人吴翼成，号壶天小隐；海宁人朱至，号壶口山人；衡阳人王夫之、欧阳兆熊，号瓠道人；孝感人夏熙臣，号瓠尊山人；金坛人史震林，号瓠冈居士。

八　巧夺天工的技艺

如前所述，葫芦具有多种用途，如作盛器、作乐器、作兵器、作腰舟等。这些都是对自然长就的葫芦的现成利用，基本不需要加工，或稍微做些加工即可。随着社会的进步，文明程度的提高，人们对葫芦的认识逐渐深化，产生了质的飞跃，把它制作成独具特色的工艺品，登上了大雅之堂。

葫芦工艺品，称为"葫芦器"，又称"匏器"或"蒲器"。其制作方法大致有 3 类：一是拼接；二是范制；三是表面加工，包括削画、刻画、彩绘、镂雕、矽花和烙烫等。样样出神入化，巧夺天工。

（一）勒扎（缩结）

所谓"勒扎"，就是趁瓠果幼嫩时期，绳索结网，兜套其上，长成后或勒出下陷痕迹，或界为花瓣。王世襄先生说："直痕之疏密，花瓣之大小，悉凭绳索网目而定，自以匀整为上，故亦有精粗巧拙之分。"① 实施勒扎，需注意两点。(1) 瓠果老嫩。瓠果过嫩，变数则大，不容易控制；瓠果过老，形变区间则小，也可能达不到理想阈值。(2) 绳索牢固及弹性。嫩果膨胀余地较大，绳索不结实，则会绷断，尽弃前功；绳索弹性过大或过小，都得不到理想的形状。

在葫芦工艺中，"勒扎"属于简单一类。勤于动手，勤于思考，总结经验，汲取教训，成功率自会提高。市场多见勒扎葫芦，然技艺平平者居多，价位自然不高。

勒扎工艺之佼佼者，是将葫芦绾换成结，没有强力扭曲的痕迹。1930 年前后，王世襄先生于北京琉璃厂见到一柄绾结与范制相结合的葫芦如意。"其上端盎然反转，范成云头，有'乾隆赏玩'款识。蒂部微垂，范作如意柄下端，亦有文饰。中部不施范具，而将细长之身绾挽打结。全器三停匀称，直径大小，弧线起伏，无不合度，且花纹文字，清晰饱满，色泽深黄，晶莹无瑕……如意旋经陈仲恕（汉第）丈买去，

---

① 王世襄：《说葫芦》，三联书店，2013 年版，第 7 页。

后赠其弟叔通先生。"①

葫芦幼果嫩脆易断，似不容染指。让其回环绾结，不着痕迹，采取了何种措施？《佩文斋广群芳谱》载有秘诀：

> 如欲将长颈打结，待葫芦生长，趁嫩时将其根下土挖去一边，轻擘开根头，捱入巴豆肉一粒在根里，仍将土罨其根，俟二三日，通根藤叶俱软散欲死，任意将葫芦结成或绦环等式，乃取去根中巴豆，照旧培浇，过数日，复鲜如故，俟老收之。

然而，王世襄先生推荐"埋巴豆"一法，请人试验，没有成功。"于是，对埋巴豆法是否可信，不免产生疑问。"②

其实，绾结葫芦，关键措施是控制水分。葫芦为一年生蔓性草本植物，其一生尤其是坐果以后需要大量水分。待幼果生长至适宜绾结，慢慢切断水源，自然萎靡疲软，几可任人所为。绾结完毕，逐渐增加供水，则恢复蓬勃之姿，继续生命途程。所绾之瓠果长成至老熟，就可以收获了。

---

① 王世襄：《说葫芦》，三联书店，2013 年版，第 7 页。
② 王世襄：《说葫芦》，三联书店，2013 年版，第 187 页。

（二）拼接

葫芦的拼接技艺，即将成熟的葫芦切割开来，利用不同部位的大小、厚薄和形状，重新进行粘接、组合，制作成想象中的器物。这种技艺大约出现于明代中期。据《嘉兴府志》记载，明代末期出现了几位治匏高手。

> 王应芳，字蟾采，隐居种梅，善治匏器。每语人曰："破匏为尊，太古制也。"自号太朴山人。其后有周五峰，治匏器亦工。每岁种匏，霜落摘置几案间，樽、炉、瓶、碗，相其质制之。色莹香清，天然可爱。同里陈处士荚作《匏器歌》，曹侍郎溶和之。

王应芳，浙江秀水人，明天启年间（1621～1627）曾参加科试，获得了小功名，后弃官回到家乡，自乐于种梅、治匏。陈荚，秀水人，康熙十八年（1679 年）入博学鸿词科。曹溶，明末进士，崇祯时做过侍郎、御史，入清后诏修明史，未赴。这 3 位明朝遗民与另一位治匏高手周五峰相互切磋，以葫芦为题唱答酬和，其乐无穷。

本书"源远流长的盛器"一章所引五言诗《题匏杯》的作者巢鸣盛，也是浙江嘉兴人。《嘉兴府志》中说：

巢鸣盛，字端明，年二十始就塾，不岁尽通其义。崇祯丙子举于乡，乙酉渡钱塘江，寓萧寺以观时事。见江东守拒失律，遂归。即墓侧构数椽，绝迹城市，邻里罕见其面。筑阁可望先垄，栽橘百本，绕屋种匏。制匏尊，作五言诗以自喻。妻钱氏，篝灯纺绩，泊如也。持论勉忠孝，敦廉耻，仿司马、程朱为家训。

上面两段引文中都提到"制匏尊"，其实，制匏尊是很不容易的。尊是盛行于商代和西周初期的酒器，多在祭祀大典上使用。其特点是"鼓腹侈口，高圈足"（《辞海》），即中部像个圆圆的葫芦，而上部撇口，下有高高的圆圈儿般的足。（图32）"破匏为尊"，用葫芦做成这样的器物，难度是可想而知的。其关键就是"相其质"——在详审细察之后，

图 32 尊

再做出判断和选择。然而，这是需要艺术功底与创作灵感的。

（三）范制

范制葫芦，就是把幼嫩的正在生长的葫芦儿放进模子里，使它在有限的空间里生长。"天然果实而形态、方圆悉如人意。不施刀凿而花纹、款识宛如雕成，巧夺天工。"（《匏器》）

范制葫芦是一种天然与人工相结合的产物，既需要人的聪明才智，又有人力不可回天的可能，所以，与其他工艺品相比，成功率很低。沈初《西清笔记》中说："其法于葫芦生后，造器模包其外，渐长渐满，遂成器焉。然数千百中仅成一二，完好者最难得。"

1. 范制葫芦的环节

范制葫芦是一个系统工程，工艺比较复杂，各个环节都要做到细致入微，否则，将前功尽弃。主要环节有：

（1）制作模具。传统的模具为木制。近年来，随着新材料的不断出现和治匏艺人的摸索，用作模具的材料越来越多，如玻璃钢、高强度塑料等。现仅以木模加以说明。木模应选用质地坚硬、纹理细密的木材作为原料。实验证明，葫芦对模子的压力有时可达 200 公斤，所选木材如果没有足够的强度，就有被拱裂或变形的可能。也只有纹理细密，刻出的阴阳凹凸图案才能细致入微，纤毫毕现。模子多为两半或四瓣，其制作方法基本相同：先将木材拼在一起，横截面作①形或⊕形，用胶黏合在一起；然后，按构思器物的大体形状，将里面掏空；再用水泡开，在几个木瓣上分别刻出阴文图案。

（2）选择葫芦品种。由于遗传基因的控制，葫芦形体因品种不同而有大小之别。这就需要考虑模子与葫芦大小配合问题。葫芦长到最大限度时仍不能撑满模子，则不能成器。葫芦过大而模子容积过小，除容易出现模子变形或被拱裂现象外，还可能葫芦未等长老就枯萎，原因是葫芦过早地塞满模子空间，影响了通风。同一品种的葫芦，只要水肥条件及其他管理措施相差不很悬殊，成熟后的形体大小差距不大。有经验的艺人会正确地选择，以提高成功率。

（3）消灭病虫害。实践证明，由于病害和虫害的原因，致使不少葫芦范制失败：或过早萎缩，不能成器；或留下疤痕，成为残品。因此，套模前要选择健壮的植株和形态正常、生长良好的葫芦儿，对葫芦表面喷洒具有消灭病菌和病毒作用的农药。套模以后，须适时对整个植株和该植株周围空间喷洒农药，杜绝产生病虫害的可能。

2. 范制葫芦的出现

范制葫芦最早出现于什么时候，目前尚无定论。本书"形形色色的乐器"一章中提及商承祚《长沙古物闻见记》中的"楚匏"，说那只葫芦笙的"吹管亦匏质，当纳幼葫芦于竹管中，长成取用"。如果此说成立，那么，范制葫芦工艺应该有 2000 年的历史了。但那只是商氏的推测，惜实物已毁，无法再进行研究了。现存日本的"八臣瓢"，整个形体像一只双耳盖罐，上面有 3 组人物：孔子与荣启期问答图，鬼谷子向苏秦、张仪授教图，四皓盘游图。据说此器原藏日本法隆寺，明治年间（1868～1912 年）贡献于宫中，成为御玩。至于何时传入东瀛，制作于什么年代，都是不解之谜。见过这件匏器的人，有的认为画意有唐人风格，便断为唐代遗物。

学术界比较一致的看法，认为范制葫芦出现于明代。明代笔记《五杂俎》"物部"有如下一段记载：

> 余于市场戏剧中见葫芦多有方者，又有突起成字为一首诗者。盖生时板夹使然，不足异也。

《五杂俎》的作者谢肇淛，字在杭，福建长乐人，文学家，曾任广西右布政使，生卒年月不详。但从他于万历年间中进士看，其生活年代应在 16 世纪与 17 世纪之交的前后几十年。从"多有方者"和"突起成字为一首诗"来看，文中所记葫芦属范制无疑。作者推测为"生时板夹使然"，虽然简单了些，但大体是对的。至于"不足异"，是说其中的道理不难理解，不必大惊小怪，而不是说这样的方形或有凸起诗文的葫芦已司空见惯。试想，作为一个文学家，一位省级行政长官，把此事记入自己的笔记，还是作为一件稀罕事来对待的，说明范制葫芦在当时是新生事物。

3. 范制葫芦的繁荣

清朝上半叶，是范制葫芦的繁荣时期。其特点是：品种繁多，数量巨大，工艺精湛。

从现存实物看，清代范制匏器有杯、盘、碗、盒、瓶、樽、炉、笔筒、盖罐、扁壶、砚盒、钟楼、寿桃、如意、鼻烟壶等等，多达二三十种。每一种类的形体大小与造型，又有很大差别。如盘，有正圆形的，也有椭圆形的；碗，有撇口的，也有兜口的；鼻烟壶，有扁的、圆的，也有椭圆的；盖罐，高低肥瘦，各具形态。至于葫芦虫具，造型变化就更多了。

从档案资料看，当年范制葫芦的产量是相当可观的。乾隆十六年（1751 年）十一月，在各地进献给皇太后 60 岁生日的寿礼中，有 9 件葫芦器，包括碗、瓶、罐、如意、寿星等。

过了 10 年，到皇太后 70 岁大寿时，所进葫芦器达近百种之多。仅乾隆二十六年（1761 年）十一月二十六日一天就有："春壶对捧"天然双葫芦一件，"六瑚焕彩"葫芦六方瓶一对，"壶天永日"葫芦双陆瓶一对，"丹台珍器"葫芦扁罐一件，"壶洲挹秀"葫芦把碗一对，"蓬山瑞种"疙瘩葫芦一件。随着岁月的流逝，清代范制葫芦器大部分已经看不到了。清末政局动荡，战争频仍，尤其是外国列强的入侵，使御玩文物大量流出宫外。山东莱芜曾做州官的刘某家，珍藏一件葫芦如意，其后人为避劫乱埋于地下，事后挖出，已略有腐蚀，据说至今犹存，但不给外人观摩。日本作家水上勉有一篇悼念老舍的文章《蟋蟀葫芦》，其中写大兴县知事"在北京旧货铺弄到手"的那只葫芦，大概也是自宫中流出的。

从北京故宫博物院现存藏品看，清代的范制葫芦工艺之精湛，达到了登峰造极的地步。不仅器形整体规整，而且"阳文、花鸟、山水、题字，俱极清晰"（《西清笔记》），装饰性花纹图案越来越丰富、细腻。花纹有云纹、回纹、龙纹、凤纹、缠枝莲纹、卷草纹、寿字纹、夔龙纹、饕餮纹等，图案则有松石、海水、龙戏珠、折枝花、祥禽瑞兽、各色人物等。具有代表性的有 3 件，都是国宝级文物。一是缠枝莲寿字盒。

此器盖与底均为鼓腔形，上有缠枝莲花 4 朵，间以寿字图案。盖与底扣合严密，毫发不差。二是蒜头瓶。此器分为 5 瓣，瓣与瓣之间以凹槽界隔，肩部有俯仰之纹，瓶身上有突起的莲花状纹，分外清晰。色若蒸栗，光莹照人。三是二弦琴。此器的共鸣箱是一只夹扁了的葫芦，正面模印海水飞鸥，反面以皮革覆盖。两侧有一副对联，上联是"三星同庆祝万寿"，下联为"四海来朝贺太平"。背部云端之上有三位仙人，坐跨麒麟，手各持物，上下以松石和海水为衬。这只葫芦器花纹精彩，图案繁复，集飞禽走兽、松石云海、神仙人物及诗歌文字于一体，而其本身形象又是一件乐器，可谓集中国文化之大成。从对联内容看，当为皇室成员寿诞时的祝贺礼物。

范制葫芦在清朝上半叶得以繁荣，除政治稳定、经济发展等根本性条件外，最高统治者的嗜爱也是重要的原因。"一朝选在君王侧"，其身价就会百倍地提高了。

康熙皇帝的文韬武略自不必说，艺术修养也相当高，对范制葫芦器有着特殊的爱好。乾隆皇帝有《咏壶卢器》诗：

累在栗薪烝，陶人岂藉凭。

玉成原有自，瓠落又何曾。

纳约传贵制，随圆泯锐棱。

爱兹淳朴器，更切木从绳。

诗的前面还有一段序，是这样说的：

> 壶卢器者，出于康熙年间。圣祖命奉宸取架瓠而规
> 模之，及熟遂成器焉，碗、盂、盆、盒唯所命。盖朴可
> 尚，而巧非人力之能为也。

康熙皇帝对范制葫芦的兴趣很浓，现存实物中不少镌有"康熙赏玩"、"康熙御玩"题款，如北京故宫博物院藏品六瓣碗、回纹兜口碗、弦线盘等。

乾隆皇帝对范制葫芦的兴致较康熙有过之而无不及。这不但可以从现存实物"乾隆赏玩"题款看得出来，还能从他的诗集中找到证据。他专门赞颂葫芦器的诗，除前引《咏壶卢盒子》、《咏壶卢器》外，还有《恭题壶卢碗歌》、《咏壶卢瓶》、《恭咏壶卢罐》等。其中《恭题壶卢碗歌》是这样写的：

> 壶卢碗逮百年矣，穆为古色含表里。
>
> 摩挲不忍释诸手，"康熙赏玩"识当底。
>
> 昔时未审赐何人，其家弗守鬻之市。
>
> 辗转兹复充贡珍，是诚珍胜其他耳。
>
> 辞尘世仍入西清，碗如有知应自喜。
>
> 敬思当日圣意渊，不贵异物祛奢靡。
>
> 因开丰泽重农圃，蔬瓠尔时种于此。

就模中规成诸器，神枢即契造物理。

对碗可悟见诸羹，幻海浮沉宁论彼。

这只葫芦碗是 100 多年前康熙赏玩的御用之物，当年不知道赏赐了何人，又被当作贡品辗转回到宫中，连乾隆皇帝也由此产生了"幻海浮沉"的慨叹。"园开丰泽重农圃"一句中的"丰泽"，就是中南海的丰泽园。丰泽园在西苑太液池瀛台西北，"南向，门五楹，门外一水横带，前有稻畦数亩"（《清宫史续编》），原是皇帝恤民学稼的地方。这里曾是清朝皇宫所需葫芦的种植基地。吴士鉴《清宫词》注中说："园御旷地，遍植匏卢。"

除皇室成员自己赏玩外，范制葫芦器还被作为高级礼品赏赐王公大臣，或是赠送外宾。康熙曾将一件匏器赠给彼得大帝。乾隆也曾将一只葫芦鼻烟壶交给访华的英国特使马嘎尼，托他转赠英国国王乔治三世。

另外值得一提的是，用范制工艺不光能创制瓶、碗、罐等小型器物，还能制成"大如斗"的物件。《蝶阶外史》中说，北京有一个名叫梁九公的太监，擅长范制葫芦，小者"为妇人耳珰"，"大者如斗，可为果盒"。"尝见一盒，盖与底各一葫芦，内外同色，不见其瓢，亦无合缝处；上下门笋，浑然天成，毫无柄凿。质轻而坚，岁久不裂。"此器如能存世，也称得起国宝了。

（四）表面加工

拼接技艺，是将成熟的葫芦割碎，根据需要再行拼合粘接，即"割碎了，再重新组合"；范制技艺，是让葫芦在生长过程中按人的意愿定型，基本完成加工过程；表面加工则是在成熟的葫芦表面进行技术加工，包括削画、刻画、彩绘、镂雕、砑花、烙烫等。

1. 削画

较之其他工艺，削画比较简单。先把晒干的葫芦放进配好染料（一般为枣红色）的锅里，沸水煮 20 分钟左右，捞出晒干；再用削刀把染上的颜料削掉，露出葫芦本来的白茬，就成了各种花鸟虫鱼。浅削图案清晰，深削阴阳分明，红底白花，质朴美观，乡土气息浓郁。图案削毕，再用圆切刀在顶部开一个口，一只蝈蝈葫芦便完成了。

2. 刻画

将葫芦晒干，用食用油或黑烟滓擦去表面污垢，然后直接用针状画刀在葫芦表面刻画出各种图案、花纹或人物。刻画完毕，再用油仔细擦拭，这样既有光泽，图案也更加清晰。这种技艺能保持葫芦表面的本色，古朴典雅，不失自然之美。葫芦刻画与削画，以山东聊城市最为著名，集中在东昌府区阁寺、梁水镇和堂邑镇的陈庄、郎庄、王辛、大杨庄、赵李王、小赵庄、拐子李、王家庙等村，远销济南、天津、开封、南京、上海、西安等地。

3. 彩绘

根据葫芦上下各部位形体特点，用彩色颜料或油漆绘出花纹、图案或人物。其特点是：线条简洁，手法抽象，色彩艳丽，图案鲜明，富有装饰性，因而具有较强的吸引力。在泰山、峄山、崂山、蓬莱阁等地风景区销售的，大多是这一类。

4. 镂雕

葫芦雕刻是一种立体艺术。主要手法有阳雕、阴雕、透雕、镂空等，有时还辅以填色。葫芦质地较软，没有纤维质，所以，用刀的大小，进刀的深浅，行刀的快慢，都要恰如其分。兰州是葫芦雕刻名家辈出之地，30年代的李文斋、40年代的阮光宇和当今的马耀良，都出在这里。马耀良所制蝈蝈葫芦与众不同，在器壁上镂雕纹饰，并为小生灵开了窗户，既易于传播"作歌君子"的金石之声，又给葫芦器增加了美感。

5. 矸花

利用葫芦质地比较软的特点，用钝圆刀具将花纹和图案周围部分压得凹下去，使所要的花纹和图案自然地凸出来。用这种技法做出的匏器，富有浮雕的立体感，可获得与范制葫芦差不多的艺术效果。《前尘梦影录》中有这样的记述：

> 道光中叶有徐某居城北，用马瑙厚刀押胡卢阳文。尝见所制有三小儿斗蟋蟀图册子，凡虫及牵草小儿作注视状，一垂髫，一作小髻，一双髟，面目各异。而阳文突起极，勾勒不见一毫斧凿痕，如天生成花纹者。其盖即用本身之顶，或海棠，或葵花瓣，刀削之稍仄，拎上提携不坠。闻其性情孤僻，终身不娶。嗜酒，不与人共饮。偶制一枚成，携出即为人购去，大率一金一枚。得直即沽酒独酌，须酒尽再制。室无长物，囊无余资，绝不干人，品亦高矣！唯胡卢须北产方佳，每北客来，多购备用。生平不肯收徒，故无门徒弟子得其传。惜哉！

这段文字生动地描述了一个清代艺人的高超技艺和性格特点，但有两点需要补充：(1) 矸花工具不止马瑙（马瑙即"玛瑙"）刀，刀刃不过于锋利的均可；(2) 这种技法不一定是徐某所创，起码并没有失传，清道光以后以至当今，砑花葫芦一直得以常见。

6. 烙烫

传统的烙烫工具是火针和香。火针为自行车辐条粗细的铁丝，一头儿磨成锥形、刀形或铲形。香以榆皮面为原料，拇指般粗细，俗称"鞭杆香"。香被点燃后，会产生很高的温度，着火的一端变得较软。这时将火针插进香内，露出1厘米左右的尖头儿，便可进行作业，在葫芦上绘出各种图案。用锥针可烙出极细的线条，刀针主要用来绘直线，铲针用以润饰，容易出现中国画中的皴染效果。现代多改用电烙铁作画，尤其是可调温电烙铁，使用方便，烫出的花纹有浓有淡，增强了艺术效果。

7. 掐丝珐琅

(1)"掐丝珐琅"简介

掐丝珐琅，特种工艺品之一。一说早在唐代就有此种工艺制作，一说据故宫博物院最早的存品，系创于明宣德年间，至景泰年间广泛流行。中国元代后期出现掐丝制品，已成学界共识。

掐丝，即将金属细条切断，做成各种图形轮廓，焊接或黏附于胎器表面。珐琅，即覆盖于胎器表面各种图形轮廓中的玻璃质材料。以石英、长石为主要原料，假如纯碱、硼砂为熔剂，氧化钛、氧化锑、氟化物为乳浊剂，钴、镍、铜等金属氧化物为着色剂，经粉碎、混合、熔融，倾入水中，急冷为珐琅熔块，再经细磨而得珐琅粉，或配入黏土，经湿磨而得珐琅浆。将珐琅浆涂敷于胎器表面，干燥后，即得掐丝珐琅制品。掐丝珐琅具有保护及装饰作用。

掐丝珐琅附着于铜胎，经过烧制，再经磨光、镀金，即著名的"景泰蓝"。

(2) 李曰栋与掐丝珐琅葫芦

李曰栋，济南文玩界著名人士。山东寿光人，1951 年出生。中华民间收藏家协会山东分会副会长，济南市文物保护与收藏协会杂项委员会主任，对文物收藏和保护多有贡献，在不少方面有所创新。

李曰栋知识丰富，兴趣广泛，经多年探索，发明了"葫芦胎掐丝珐琅"。与景泰蓝工艺相比较，该发明具有如下特点：① 鉴于葫芦为生物质，不得燎烧，改焊接为粘贴，即将金属丝和所填色料用黏合剂粘于葫芦体。② 以彩色细沙代替玻璃质釉料。沙子颜色包括蓝、黄、绿、黑、白、鸡血红、葡萄紫等等诸种，艳丽斑斓，最后由树脂覆盖，永不褪色。③ 由于改焊接为粘贴，用于界框图形的金属丝可以使用任意金属。目前实验成功者，主要是铜和铝。铝，晶莹光亮，本身具有银之特色，经过镀金，尤显富丽堂皇、尊贵典雅。

掐丝珐琅葫芦，图案多为佛道、花鸟、人物、风景，根据葫芦形状设计，具天然尤物与经典艺术珠联璧合之妙。由于简化了程序，降低了成本，掐丝珐琅葫芦受到文玩爱好者的青睐。

8."剪纸"

剪纸，中国民间工艺品。早在汉唐时期，民间妇女即有使用金银箔和彩帛剪成方胜、花鸟，贴在鬓角作为装饰的风尚。后来逐步发展，用色纸剪成各种花草、动物或故事人物，贴在窗户上（叫"窗花"）、门楣上（叫"门签"）作为装饰，也有作为礼品装饰或刺绣花样之用者。剪纸的工具，一般为一把剪刀。职业艺人或用特制刀具刻制，故剪纸又称"刻纸"。各地民间拥有不同风格的剪纸传统。

葫芦"表面加工"中的"剪纸"，运用纸片造型表现艺术形象。其步骤是：1. 把剪纸作品粘贴在葫芦表面，描画纹饰。2. 使用工具，对剪纸作品和纹饰施以刻、挖、凿，剔除多余部分，留下图案线条。3. 打磨，修饰，使作品光亮、传神。

　　和前述"掐丝珐琅"一样，"剪纸"葫芦由济南文玩大家李曰栋先生发明。"剪纸"葫芦以吉祥图案、十二生肖、花鸟人物为主要内容。

九　神秘莫测的习俗

习俗，即历代相沿积久而成的风尚、习惯。它以规律性的活动约束人们的行为与意识。民俗的约束力，不依靠法律，不依靠史籍，也不依靠科学文化的验证，它依靠的是习惯势力、传袭力量和宗教般的信仰。"百里不同风，千里不同俗。""豌豆圆，麦芒尖，十里风俗不一般。"在中国这个幅员广大的多民族大家庭里，风俗事项可谓擢发难数。而负载着沉厚文化积淀的葫芦，在众多的风俗活动中扮演了非常重要的角色，渗透衣食住行、岁时节日、婚姻生育等人生重要环节。民俗是原始先民生存状况和思维方式的活化石。由于源头甚远，不少风俗事项给今天的人们以神秘莫测之感。

（一）美食

"民以食为天"，5个字概括了饮食在人类社会生活中的重要地位。人类对葫芦可食性的认识，应该追溯到远祖猿猴时代。随着人类的进步，社会的发展，随着中华民族美食传统的建立和完善，人们对以葫芦为主要原料的食品的制作进行了漫长的多方位探讨，吃法越来越讲究，甚至派生出本来与葫芦没有多大关系却以葫芦来命名的食物。

1. 悠久的历史

原始社会初期，人类生产斗争能力很低，只会采集自然界现成植物的果实、嫩叶或块根等作为食料。可以想象得到，葫芦的嫩果和叶子一定是先民们心目中的美食。随着对植物生长的认识逐步提高，以及生产工具的改进，在采集经济的基础上产生了原始农业。从河姆渡文化遗址和桐乡罗家角文化遗址出土的葫芦遗存来看，在距今至少7000年前，我们的祖先就已经对葫芦进行了栽培。

《诗经》涉及的蔬菜不过十几种，其中就有葫芦。这部最早提到葫芦的古代文献，首先注意到的正是葫芦的食用价值。《小雅·南有嘉鱼》："南有樛木，甘瓠累之。"朱熹注："瓠有甘有苦，甘瓠则可食也。"所以，就"七月食瓜"。除了嫩果可吃外，葫芦叶子也可以食用。《小雅·瓠叶》："幡幡瓠叶，采之亨之。"——将那些随风翻动的葫芦叶子摘下来，烹制成可口的食物。至于《卫风·硕人》中用"齿如瓠犀"来形容女人之美，这种理性认识也正是建立在对葫芦的食用这一感性认识基础之上的。

《论语·阳货》："吾岂匏瓜也哉！焉能系而不食？"刘宝楠正义："匏瓜以不食，得系滞一处。"因而有了"匏系"一词，用来比喻不得出仕，或久任微职而不得升迁。陆游《别曾学士》："匏系不得从，瞻望抱惘惘。"自古有甘瓠、苦匏之说。经过长时期的实践，人们认识到甘瓠是美味，而苦匏不可食。

葫芦作为菜蔬，古时有一个时期是不能登大雅之堂的。用今天的话说，只能算是"大路菜"。《管子》中说："六畜育于家，瓜瓠荤菜百果备具，国家之富也。"可见葫芦食品只出现在一般百姓家的餐桌上。统治阶层中偶有用到的，但"醉翁之意不在酒"，赋予了另外的意义。

魏文侯斯（？～前396年）是战国时期魏国的建立者，在位50年。他礼贤下士，虚心听取臣下的意见，因而使魏成为当时的强国。有一天，魏文侯"见箕季墙坏不治，问其故。对曰：'不时。'又进瓠羹。"魏文侯马上明白了，说："墙坏不筑，教我无夺民功；贻我瓠羹，教我无多敛百姓。"（刘向《新序》）箕季向魏文侯进献瓠羹，目的在于讽谏，暗示应该俭朴勤政，减轻百姓负担。在这里，葫芦食品是与老百姓画等号的；而对于魏文侯这位一国之君，相当于吃了一顿"忆苦饭"。

同样意义的故事，还见于《唐书·柳玭传》：

> 玭尝述家训，以诫子孙曰："余旧府高公，先君兄弟三人，俱居清冽，非速客不二羹胾，多食齕卜瓠而已，皆保重名于世。"

柳玭这样一位封建时代的达官贵人，用先人以萝卜、葫芦为食的经历，来教育后代保持勤俭节约的生活作风，真可谓用心良苦，也是难能可贵的。

2. 多种多样的吃法

在长达数千年的生活实践中，祖祖辈辈的人们就葫芦的食用进行了多方面的开发，创造了多种多样的吃法。以下是主要的几种。

（1）做羹。羹，类似于现代的汤，但比汤要浓稠一些。它在古代食物中占有重要地位，尤其是在烹饪技术不发达的时代，是人们佐餐下饭的必备食物。《礼记·王制》中说："羹食自诸侯以下至于庶人，无等。"是不分尊卑、人人都吃的大众化菜肴。羹有荤素之分，其名称因主料不同而各异。《齐民要术》记载了 28 种羹的做法，其中葫芦素羹的做法是："下油水中煮极热。体横切，厚二分，沸而下，与盐豉、胡芹累奠之。"这是一种以葫芦为主料，以盐豉、胡芹为辅料的羹。而荤羹则不同，不是用瓠瓜而是用葫芦叶子作主料。"做瓠叶羹法：用瓠叶五斤，羊肉三斤，葱二斤，盐豉五合，口调其味。"（《齐民要术·羹臛法》）这种用葫芦叶子为主料调制而成的肉羹，在古时是一种名吃，一直流传了一千几百年，直到明代人袁褧（jiǒng 窘）所著《枫窗小牍》中还说："徐家瓠羹，郑家油饼，王家乳酪……皆声称于时。"

（2）煮食。煮食是葫芦通常吃法之一，具体配料及操作各有千秋。《齐民要术》载有一则煮制葫芦的方法：

> 冬瓜、越瓜、瓠用毛未脱者（毛脱即坚），汉瓜用极大饶肉者。皆削去皮，作方脔（luán 峦），广一寸，长三寸。偏宜猪肉，肥羊肉亦佳（芜、菁、葵、韭等皆得）。苏油宜大。用苋菜、细劈葱白（葱白欲得多于菜；无葱，薤白代之）、浑豉、白盐、椒末。先布菜于铜铛底，次肉

（无肉，以苏油代之），次瓜，次瓠，次葱白、盐豉、椒末，如是次第重布，向满为限。少下水（仅令相淹渍）。煮令熟。

（3）蒸食。葫芦的蒸食，未见到具体的技术资料，只能从以下资料中推敲。《卢氏杂说》中记有一个故事：

> 郑余庆清俭，有重德。一日，忽召亲朋官数人会食，众皆惊。朝像以故相望重，皆凌晨诣之。至日高，余庆方出。闲话移时，诸人皆枵（xiāo 消）然。余庆呼左右曰："处分厨家烂蒸，去毛，莫拗折项。"诸人相顾，以为必蒸鹅鸭之类。逡巡舁台盘出，酱醋亦极香新。良久就餐，每人前下粟米饭一碗，蒸葫芦一枚。相国餐美，诸人强进而罢。

各位客人清晨一大早赶到，又经过长时间谈话，已是饥肠辘辘了，但仍"强进而罢"，可见蒸葫芦的味道并不怎么好。后来还有人为此写了一首诗，其中有两句"动指不须占染鼎，去毛切莫拗蒸壶"（岳柯）。从故事中"酱醋亦极香新"看，是将蒸熟的葫芦蘸着佐料吃的。蒸葫芦还有别的吃法，《蒲松龄集·菜疏》中"葫芦加料上笼蒸"便是一个例子，可惜没有留下具体的佐料名称及操作步骤。

（4）干制。也叫"干藏"。就是将食品脱水后贮藏起来，以随时取用。干制食品具有独特风味，不易腐败变质。古时冬令蔬菜甚少，所以对干制蔬菜有较多的实践。元代维吾尔族人鲁明善所撰《农桑撮要》（也称《农桑衣食撮要》）中有"葫芦茄干"条，说："做葫芦茄干：茄切片，葫芦、瓠子①削条，晒干收，依做干菜法。"清人李光庭《乡言解颐》介绍道："壶卢味甘，乡人趁其嫩时削为条，阴干之，煨肉最佳。"其实，葫芦干不但乡下人爱吃，而且备受公卿将相、公子小姐们青睐。《晋书·祖逖传》："玄酒忘劳甘瓠脯，何以咏恩歌且舞。"程晓《赠傅休奕诗》："厥醴伊何，玄酒瓠脯。"瓠脯，就是葫芦干。《红楼梦》第42回写刘老老二进荣国府，府中尊卑俱有馈赠，因而千恩万谢，感激不尽。这时平儿笑道：

> 别说外话，咱们都是自己，我才这么着。你放心收了罢，我还和你要东西呢。到年下，你只把你们晒的那个灰条菜和豇豆、扁豆、茄子干儿、葫芦条儿，各样干菜带些来——我们这里上上下下都爱吃这个——就算了。别的一概不要，别罔费了心。

---

① 元代对葫芦的分类尚不系统，不统一，故鲁明善将葫芦与瓠子并提。

"红学"研究已有 200 多年的历史，产生的著作可谓汗牛充栋。研究者各有所得，也不免失之偏颇之处。邓云乡《红楼梦风俗谭》将上述平儿的话中的葫芦条儿理解为"西葫芦条儿"，便是一例。西葫芦，又名"美国南瓜"，原产南美洲，因而与西瓜、西红柿等从国外传进的瓜菜一样，被冠以"西"字。西葫芦虽然也属葫芦科，但与葫芦在性状方面有着许多相异之处。我国制作葫芦条儿有悠久的历史，约成书于战国时期的《周礼》中说："委人掌凡蓄聚之物。"注曰："凡蓄聚之物，瓜、瓠、葵、芋御冬之具也。"意思是周代设置专门官职，掌管瓜、葫芦等过冬菜蔬事宜。南宋孟元老《东京梦华录》记载："近岁节，市井皆卖门神、钟馗、桃符……干茄瓠、马牙菜之类，以备除夜之用。"山东青州市外贸部门近年来组织葫芦干出口，销售区域越来越广。看来外国人对葫芦干的兴趣也是蛮高的。

值得一提的是，山东临朐县为配合潍坊市千里民俗旅游线上沂山茅舍葫芦文化展室的开放，研究设计了"葫芦全筵"。一桌十几乃至几十道菜全部以葫芦为主料做成，造型也为姿态各异的葫芦状，是十分壮观的，是对中国民俗文化和饮食文化的贡献。

（二）衣饰

衣，《释名》解作："依也，人所依以避寒暑也。"在甲骨文和金文中，"衣"字的样子很像个"衮"字，形如古时交领右衽式衣服。这是用文字显示的衣服的最早形态。衣服的作用很多，而保护作用是第一位的。然而古人发现，即使穿了衣服，也会有疾病发生，小则痛苦，大则丧生。于是，他们认为应该在衣服上添些什么东西，才能确保平安。

现代人类学研究认为，在原始人的观念里，疾病和死亡从来不是"自然"的，而是来自某些超自然的力量。在原始先民看来，人类生活在充满了鬼神的世界里，疾病的产生是妖魔鬼怪作祟的结果。为了排除病灾，延年益寿，他们就在衣服上增加一些葫芦状的装饰品，相信能避凶驱邪。这种葫芦状装饰品起"护身符"的作用，有了它，便可以平安顺利地过日子了。

1. 葫芦儿

台湾三民书局所编《大辞典》专收"葫芦儿"词条，解释说："旧时端午用色线缠成樱桃、桑葚、老虎、葫芦等形的香囊，贯在线上，称为'葫芦儿'。儿童佩在胸前，可以避邪。"这条释文没说明这种习俗流布的范围，据笔者问卷、查阅资料所知，范围为华北、华中、中南地区及台湾岛。

2. 滚瓢轱辘

每年的农历四月初一，晋南地区的未婚女子、青年媳妇和小孩子们，都在衣襟上系一种称为"滚瓢轱辘"的饰物。这种饰物实际上是葫芦状香囊，有扁平浮雕式，也有立体圆雕式，里面装有大蒜、香草、皂角枝等。用桃红色布料缝成，缀以各色丝线剪就的穗子。由于形状拙朴，颜色鲜艳，佩戴在青衣绿裳之上，宛如一簇跳动的火苗儿，象征着青春的美好。其原始意义则在于避灾逃难，平安地成长，健康地生活，因为"滚"有滚落、滑脱之意，"轱辘"即轮子的俗称，比喻跑得快。

3. 脖囵囵

农历七月十五日是中元节，一年过半，气温慢慢下降，家家户户做纸钱，要给死去的亲人送夹衣了。"看著中元斋日到，家家户户绣真容"（王建《宫词》）。因为是"鬼节"，迷信说法，怕小孩子不好养活，山西南部百姓便要用面做"脖囵囵"，即面蛋蛋儿，用丝绳串成串儿，挂在孩子的脖子上，就不会出事了。① 一只一只面蛋蛋儿串在一起，就成为葫芦形状。再则，"囫囵"也是"葫芦"的音转。

4. 葫芦籽

生活在云南的苦聪人把葫芦看作自己民族的祖先，每年都要举行祭拜仪式。他们认为葫芦具有无穷的威力，除创世造人外，还能保护人的生命，是法力无边的护身之宝。因而，做父母的不会忘记在孩子的衣领上缝上葫芦籽。②

5. 祖公葫芦

彝族人认为，葫芦是祖神的化身。1976 年，云南大学历史系师生赴红河哈尼族彝族自治州搞民族调查，在建水县遇见一位彝族老人，胸前挂着一只葫芦。问其缘故，那老人回答："葫芦是彝族人的祖公。"这只象征彝族祖公的葫芦，还作为祖先灵位供奉在哀牢山彝民家中。每逢年节或人畜久病不愈，一家人必定会对着葫芦烧香献礼，祈求保佑人畜康宁、家道吉昌。

6. 拉祜族风情

生活在祖国西南边陲的拉祜族，有着传统的葫芦信仰。

① 尹向前、宋希祥：《晋南民俗和民间工艺美术》，《民间工艺》第 2 期。
② 高明强：《神秘的图腾》，江苏人民出版社，1989 年版，第 241 页。

这种信仰在衣饰上多有表现。在孩子的手帕和衣领上缝上葫芦籽，借以驱妖避邪，保佑孩子平安成长；姑娘和媳妇们把葫芦看作美好的象征，在衣领、袖口、筒裙下摆等处，用彩线绣上葫芦或葫芦花图案；热恋中的姑娘送给情人的彩带、火镰（敲石取火的工具）包上，小伙子送给姑娘的针筒及其他爱情信物上，也都绣有葫芦或葫芦花图案。

7.《金屋梦》中的描写

用葫芦装饰衣服或身上佩带葫芦以禳灾祛邪的风俗，在古代文学作品中也多有反映。《金瓶梅续书三种·金屋梦》第23回写道：

> 那日合当有事，翟员外到八月十五日，又请他帮闲兄弟吃酒。见郑玉卿净手，一个小红葫芦金线结的，原在银瓶抹胸前，却怎么在他腰里？十分疑惑。翟员外因银瓶不奉承他，也久有不快，掀起玉卿裙子，装看荷包，轻轻地一手揪下来，只吊了根绳儿在裙带上。玉卿忙来夺，只是不松手。

（三）卫生

在原始人的观念里，疾病和死亡从来不是"自然"的，而是来自某些超自然的力量，如中邪、闹鬼等。为了避免这些超自然力量的侵害，排除病灾，延年益寿，就必须用同样是超自然的而且力量要大得多的武器去对付，于是选中了葫芦。

（1）农历"二月二"在惊蛰节的前后，而惊蛰是蛰虫始振之时。天气渐渐转暖，冬蛰的蛇、蝎、蜈蚣、蚰蜒等毒虫开始蠕动，扰人害物。用什么东西驱逐它们呢？在二月初二这天，山西阳城地区"沿户悬天师符，以辟虫毒"（《阳城县志》），沁州（今山西沁县一带）则"贴画葫芦于屋壁，辟百虫"（《沁州志》）。

（2）《唐宋遗记》载："江淮南北，（五月）五日钗头彩胜之制，备极奇巧。凡以缯绡剪刻艾叶，或攒绣仙佛、禽鸟、虫鱼、百兽之形，八宝群花之类……又螳螂、蝉、蝎，又葫芦、瓜果，色色逼真。"

（3）明代地方志《帝京景物略》中说："今河间（明代府名，治今河北省河间市）属下，（五月五日）多于门首剪红纸葫芦，以避瘟疫"；高青地区"五月朔日插桃枝，剪红纸葫芦贴门，衡以五彩纸符系"；迁安市"妇女则剪红纸为葫芦形，贴门首"。

（4）山西虞乡一带"五月五日天中节，制布馄饨（馄饨即

"葫芦"之音转），以五色线穿之，绑小儿足腕上"，认为可避
毒虫；解州地区正月二十三日"以葫芦、车轮等形贴门，曰
老君炼丹日，贴则四时平安"①。

（5）关于端午节剪葫芦图案贴门的风俗，《中国民俗大观
·中国民间剪纸艺术》说得更为详细一些："除了过年，端午
节门上贴的'五毒'和葫芦也是妇女们亲手剪的。以白纸为
底，把红纸剪成的'五毒'和葫芦贴在上面，然后再贴在门
楣，左右各插一把绿油油的蒲艾，红、白、绿三种颜色非常
鲜明显眼。"

（6）香荷包是我国独具艺术特色且流传甚广的民间工艺
品，用五颜六色的布料和彩线缝制，多为菱角形或葫芦形。
近代的香荷包大多作为定情信物，由女方送给男方，或作为
吉祥物摆放在新婚洞房内床帐或门帘两侧。常见的图案有
"莲生贵子"、"鲤鱼穿莲"、"凤凰戏牡丹"，也有"葫芦百子"
和"葫芦万代"等。其实，香荷包来源于实用性荷包。实用
性荷包俗称"药包"，里面放着一些中草药，出门在外时带在
身上，以备急用。据老人们讲，老辈子人人腰间挂着一只药

---

① 《中国地方志民俗资料汇编》，书目文献出版社，1989年版。

包，万一被毒虫猛兽咬伤什么的，可以马上倒出药来敷上或吞下，能减轻疼痛，甚至挽救性命。目前，在一些偏远地区，尤其是南方亚热带和热带地区，人们外出时还常常带着这种急救包。而最原始的荷包应该是葫芦，是装着常用中草药的葫芦。

（四）节日

岁时节日是物质文明与精神文明的交汇点，体现着人们的物质生活水平和精神风貌，积淀了丰厚的风俗习惯。穷其源头，基本有社会生产与生活、原始崇拜和自然禁忌3条。我国的民俗节日名目繁多，多有葫芦活跃其间。

1. 汉族社日节

《白虎通·社稷》："社，土地之主；稷，五谷之主……土地广博，不可遍敬，故封土以为社，而祀之以报功也。"社，就是土地神。土地生长万物，供给衣食之足，人们感谢它，便设立节日以表心意。社日，就是祭祀土地神的节日。一年之中有两次，称为春社和秋社。春社为立春后第五个戊日，秋社在立秋后第五个戊日，分别在春分和秋分前后。

当年的社日活动是个什么样子呢？《礼记·郊特牲》："唯

为社事，单出里；唯为社田，国人毕作；唯社，丘乘共粢（zī
姿）盛。"意思是：在社日这天，全社的人都要出来参加祭社
活动；为准备祭社所用之牲，国中之人都参与了和社猎有关
的劳动；为供给祭社所用的谷物，各家各户凑足了粮食。《荆
楚岁时记》是这样描述南北朝时期祭社情景的："社日，四邻
并结，综会社牲醪，为屋于树下，先祭神，然后飨其胙。"说
社日这天，左邻右舍邀约在一起，各自凑上一些肉食和米酒，
在树下搭起棚屋，先祭祀社神，然后兴高采烈地会餐。

唐宋时期，社日活动最为普及，简直成了民间的盛大节
日。几天前便杀鸡宰猪，准备社糕社饼。社日那天，全社的
人都走出家门，参加庆祝活动，其他的事都不用干了。妇女
也停下手中的针线活儿，出嫁的闺女可以回娘家。小孩子这
天也无须念书，可以尽情游戏。外公姨舅们还要送给外甥一
些吃食或小玩意儿，如枣儿、葫芦等。孩子们便把葫芦挂在
腰间，缝在衣襟上，或者系在手腕上。这样，取后代昌盛和
平安无虞之意。

2. 苗族鼓社节

苗族崇祀伏羲、女娲，历久不衰地开展鼓社节活动。主
要内容是跳舞，把男女生殖器崇拜当作祭祀高潮的主要内容。

　　鼓社节高潮之时，现场出现裸体男女木雕像，分别呼作"央公"、"央婆"，是人类始祖的化身，等同作为傩公、傩母的伏羲、女娲。背央公的（傩公）大声喊"夺张"（苗语音译，"交媾"的意思），背央婆的（傩母）则回答"沙降"（苗语音译，"繁荣"的意思）。傩公手持装满甜酒糟水的葫芦，搁到主妇们的衣襟底下。该女性便登上矮桌，撩起围裙，象征性地或真个儿地显露牝器，表示交合。傩公还不时地把葫芦中的水酒洒到傩母和围观的妇女身上，象征着受精。整个仪式一本正经地进行，所有的人都持异常虔诚的态度，当事女性绝无羞怯、回避或放声浪笑之举。节日期间，祭师还要念"繁育词"，或以祭歌的形式诵唱。

　　3. 彝族老虎节

　　云南省楚雄彝族自治州南境双柏县麦地冲村，居住着116户自称"罗罗"的彝族同胞。他们把虎奉为祖先，农历正月初八至十五举行隆重的老虎节。

　　正月初八傍晚，日落月升之际，鼓师敲响手中的羊皮扁鼓，拉了了虎节的序幕。全村男女老少听到鼓声，纷纷来到舞虎场上。一位被称作"罗俄得"（意即"虎首"）的男性长者走进场中。他身穿黑布长衫，头戴破草笠，手持一根一丈多长的竹竿。竹竿顶端挂着一只葫芦，葫芦壳上钻有许多小洞，里面盛满火灰。这位长者抬头仰观天象，见时辰已到，便阔步绕场，抖动竹竿，使葫芦里的火灰不断地撒出来。他边撒火灰边高声呼叫："卖药，卖药！卖壁虱蚝蚤药、癞子药、摆子（疟疾）药、头痛发烧药、漂沙（妇女不育）药……我葫芦里有99种药，能治99种病，能镇99种邪，能克99种魔。快来买药，快来买牛、马、猪、鸡、羊、狗消瘟免疫药，快来买五谷生长灭虫药，买救苦救难免灾药！"

刚一念完，就听火炮爆响，东南西北四方路口跳出4只由青年后生装扮的"猛虎"。在羊皮扁鼓伴奏下，跳起粗犷猛烈的虎舞。全村群众围在虎的周围，跳起"合脚舞"，一直狂欢到深夜。此后每隔一日增加一只虎，到正月十五日晚，便有"八虎"入场。[1]

4. 土家族端午节

土家族，我国少数民族之一，主要分布在湖南湘西土家族苗族自治州和湖北省恩施地区。和汉族一样，土家族也有端午节，端午节的主要活动也是划龙舟，但划龙舟习俗的源流不同。

---

① 杨继林、申甫廉：《中国彝族虎文化》，云南人民出版社，1992年版。

土家族信奉多种神灵，崇拜祖先，尊伏羲和女娲为生育祖神。传说上古涨齐天洪水，人类遭到灭绝。天帝命龙子伏羲和龙女女娲坐葫芦下凡，兄妹结婚，再创人世。伏羲、女娲兄妹结婚后，生下一个血团怪胎。天上落下一把剪刀，将血团剪成18块，寄放到18枝树杈上。结果，每枝树杈生出一个人来，繁衍为今天的土家族18姓人。完成了再造人烟的任务后，伏羲、女娲兄妹就把那只葫芦劈为两半，变成相连的两只船，乘坐葫芦船回江河龙宫去了。子孙后代想念他们，便划着葫芦船去江河中祭祀，祈祷人烟兴旺。这样，土家族就有了端午节划双舟龙船的习俗。①

5. 拉祜族葫芦节

拉祜族居住在云南澜沧江流域，聚居地以澜沧拉祜族自治县和孟连傣族拉祜族自治县为主，人口30多万。该族是以猎虎而著称的山地民族，葫芦崇拜源远流长。

据说，在很古的时候，地面上生活着好多人。一天夜里，洪水漫天而来，把一切都淹没了。洪水退去，世上的人几乎全被淹死或卷走了，只剩下一个男孩儿。他以青草为食，顽

---

① 杨昌鑫：《土家族端午节划"双舟"龙船习俗源流考》，《江汉论坛》1990年第12期。

强地生活着。年复一年，这个男孩儿长成了棒小伙儿。有一天，他来到小河边喝水，看见一条小红鱼游到眼前，摇头摆尾，久久不肯离去。小红鱼嘴里衔着一枚葫芦籽，吐到小伙儿手里，然后一甩尾巴游走了。小伙儿急忙赶回自己住的茅草棚旁，把葫芦籽种在了地里。葫芦籽很快发芽舒蔓，开花结果，结下一只好大好大的葫芦。有一天，大葫芦突然自个儿裂开了，从里面走出一位美丽的姑娘。小伙儿和姑娘结为夫妻，生儿育女，使人类一代一代地传下来。因此，拉祜人把葫芦视为人类的始祖和保护神，把农历十月十五日至十七日定为葫芦节。

葫芦节期间，村村寨寨聚会庆祝，怀念葫芦的恩德，传唱赞歌颂文，跳葫芦笙舞，进行射箭比赛，并进行物资交流活动。

（五）婚姻

婚姻，一作"昏姻"，男女结合成为夫妻。《诗经·鄘风·蝃蝀（dì dōng 帝东）》："乃如之人兮，怀昏姻也。"又《小雅·我行其野》："昏姻之故，言就尔居。"传说伏羲"制嫁娶，以俪皮为礼"（宋罗泌《路史·后纪一》注引《古史考》）。人类的婚姻形态是随着社会发展而发展的，大体经历了群婚和个体婚两大历史阶段。

古往今来，婚姻不仅对当事男女双方来说是一件终身大事，而且被公众普遍看重，成为充满喜庆、欢乐气氛的社会活动。正因为这样，男女缔结婚姻关系过程中形成了千姿百态的礼俗。

《礼记·昏义》说："男女有别而后夫妇有义，夫妇有义而后父子有亲，父子有亲而后君臣有正。故曰：昏礼者，礼之本也。"这就是说，人类的"礼"的确立，是从结婚需要举行婚礼开始的。因为婚礼巩固了单偶制，单偶制明确了父子关系，意味着私有财产的父子相承，此后才有了君臣上下的等级区别。这一段论述符合历史发展的客观过程，包含着单偶制——父系——国家这三者之间的内在联系，阐明了婚礼所具有的重要的社会意义。

经过漫长时期而形成的婚俗，不仅与各族人民的生活和家庭形式相适应，而且与各民族的宗教信仰、民族心理、社会理想、口头创作以及其他风俗习惯相联系。"婚姻风俗是民族的社会橱窗"，这一论断可以从与葫芦有关的风俗事项中得到证明。

1. 葫芦求婚（仡佬族）

贵州贞丰县一带的仡佬族，男青年在日常交往中看上了某位姑娘，便会开始富有情趣的求婚活动。

男青年第一次到姑娘家去，只用红纸或红布包上一双筷子，双手恭恭敬敬地放在堂屋的八仙桌上，扭头就走，既不吃烟喝茶，也不同女方家人搭话。

第二次登门，在距第一次 3 个月或半年以后。男青年拎着一葫芦糯米酒（约 1.5 公斤），放到八仙桌上，便开口说话："大爹大妈，你家有一朵美丽的鲜花。我搭了一座红桥（红纸或红布包筷子），想求您老把花送给我，我拿回去栽种。今天我提一革当（葫芦）凉水来给老人家漱漱口，解解渴。请老人家开金口。"

如果不同意这门亲事，女方父母便婉言谢绝，留小伙儿吃一顿便饭，并把那葫芦酒还给他。如果同意这门亲事，就把葫芦里的酒倒出来，与在座的亲属寨邻一起喝。女方父亲会对小伙儿说："你带来的神仙酒，甜透了我的心。愿你们今后的日子像这仙酒一样醇香。"

2. 葫芦订婚（瑶族）

瑶族男女青年相识后，或男青年对女青年产生爱慕之情后，男方便邀请两位媒人携带猪肉和两只装满酒的葫芦到女家去求婚。两位媒人来到女方家，先把礼物挂在门前的篱笆上，再进入堂屋叙谈。女方对媒人以礼相待，但对所提婚事不作明确的口头答复。其实，女方的态度，媒人一出门便知道了：如果女方同意这门亲事，便收下酒肉，就算是订婚了，一年后举行婚礼；如果女方用针刺破葫芦，使酒流出，则是拒绝的表示，这门亲事就没戏了。

3. 爬杆摘瓢（彝族）

居住在云南武定县石腊它乡尼嘎古、树沟等地的彝民，自称"纳苏"。纳苏人在成亲之日，无论男家女家，都用青杆栗树枝搭起一座婚棚，在里面举行有关的仪式。女家婚棚中间要竖一根高达数米的油杆。油杆笔直光滑，杆顶悬挂一只葫芦或充气的猪尿脬、一块肥猪膘肉，还有一份礼金。男方娶亲的队伍来到后，须挑选骁勇敏捷者，在众目睽睽之下爬上油杆，把杆顶的东西取下来，方允许将姑娘娶走。

此杆被称作"母路子"，是母系家庭遗存的标志。

4. 破壶成亲（彝族）

彝族青年男女成亲吉日选定之后，男家备足礼品，于娶亲前一日交接。成亲这天，新郎新娘双双登堂入室之前，由预先站立于门房上方的一名壮年男子或成年妇女手持装满灶灰的葫芦，迅速用力将葫芦掷破于门前。顿时灰雾弥漫，新郎新娘在浓浓的灰雾中进入堂屋。

当地把这一习俗称为"阿拍波碌"（彝语音译。"阿拍"意为葫芦，"波"意为圆形，"碌"意为摔、砸、破），意即"摔葫芦"。彝巫解释说：摔葫芦是为了纪念人类祖先出自葫芦。葫芦象征着孕育胎儿的母腹，所以婚礼中的葫芦必须摔破，婚育才有好兆头。现在有人唯恐葫芦不易掷破，怕不是好兆头，改用易碎的土陶壶替代。

5. 新娘踩瓢（仡佬族）

贵州省仁怀、遵义一带的仡佬族，结婚迎娶时，不论春夏秋冬，男女两家都要准备一瓢凉水放在门后，等媒人踏进门槛，便兜头浇去。据说这样能冲去晦气，小两口儿才会和睦相亲。新娘步行来到男家，还有一道仪式：要将小巧别致的木瓢（木制葫芦状盛器）一柄放在门前，让她踩踏。如能一脚将瓢踩断，便合家欢呼，认为马到成功，大吉大利。

6. 合卺之礼（汉族）

新妇迎至夫家，与丈夫"共牢而食，合卺而酳（yìn 印）"

(《礼记·昏义》)。卺，葫芦瓢；酳，用酒漱口。东汉郑玄、阮湛《三礼图》解释说："合卺，破匏为之，以线连两端，其制一同匏爵。"说得简单通俗些，"合卺而酳"就是把一只葫芦剖为两半，新婚夫妇各执一瓢而饮。

合卺是一种很古的风俗，至迟到唐代演变为"连盏"。（图33）敦煌唐代写本《书仪》中写道：

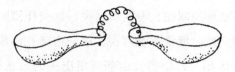

图 33　卺

"连瓢共饮，若无其瓢，以盏充之。将五色线绳长四尺有余连瓢，无瓢连盏。"至宋代，演变为饮交杯酒。王彦辅在宋徽宗政和五年（1115年）追序总成的《麈（zhǔ主）史》中说："古者婚礼合卺，今也以双杯彩线连足，夫妇传饮，谓之交杯。"孟元老在宋高宗绍兴十七年（1147年）编次成集的《东京梦华录》说："后用两盏以彩结连之，互饮一盏，谓之交杯酒。"

喝交杯酒时，对杯子的处理也很有意思。起初是"掷杯于地，验其俯仰"，"一仰一合，俗谓大吉"；但这一仰一合并非每次都能出现，其概率只有 1/3，所以，后来干脆"以盏一仰一覆安于床下，取大吉利意"。验证仰合之后，宾客纷纷再度贺喜，掀起婚礼又一高潮。

"礼失而求诸野"。在中原地区，合卺之礼消失已达千年之久，只载于典籍及野史之中，但在云南哀牢山区至今仍然存在。哀牢山区的"罗罗"彝本来早已使用陶制、铝制、搪瓷、塑料等质地的器皿，唯在新婚夫妇饮交杯酒时仍沿用剖葫芦而成的两瓢。据彝族巫师说，这一古老礼俗象征新婚夫妇是一个合体葫芦，是仿效由葫芦里出来的远古祖先伏羲、女娲的成婚。①

7. 新郎受赠（苗族）

苗族新娘第一次进夫家，不与丈夫同宿，而由新郎的姐妹或邻居姑娘陪住。住上 3～7 天后，夫家准备好糯米饭、大公鸡等各种礼物，送新娘回娘家。

姑娘回门，是女家最热闹的一天。先是设酒卡，请新郎和同来的客人对歌，对不上就要罚酒。这一天的午饭叫"回门饭"，主宾边喝酒边唱歌。酒饭完毕，便举行赠葫芦仪式，

---

① 刘尧汉：《论中华葫芦文化》，《民间文学论坛》1987 年第 3 期。

苗语叫"报畜"。经师烧过香纸之后，抱起一只缠着一丈二尺长青布的葫芦，开始念《葫芦经》。这种《葫芦经》比较古老，一般人听不大懂。大意是：

　　　　以前是男人嫁到女家，

　　　　如今是女人嫁到男家；

　　　　以前财产归女人管，

　　　　如今财产归男人管。

　　　　叫声郎崽你过来，

　　　　今天赠你金葫芦，

　　　　你背回家去，

　　　　一定能发家致富，

　　　　六畜兴旺，

　　　　五谷丰登。

　　　　你走东南西北，

　　　　顺利吉祥；

　　　　家庭和睦，

　　　　老少安康。

　　经师念经时，新郎毕恭毕敬，垂手而立。念完了，经师便把葫芦赠给新郎。新郎郑重地接在手中，抱着葫芦踏上归程。

（六）生育

在原始人的观念中，婚配是人生第一件大事，传宗接代则是婚配的唯一目的。这种观念具有强烈的繁殖种族的生物意义，以至形成了后世"不孝有三，无后为大"的律条。人丁兴旺，几世同堂，是古代家族荣耀的重要标志。女人不生育，夫家便可以休掉另娶。"七出"的第一条理由，便是"无子"。为了使结婚数年不生育的女人能生孩子，人们想到了葫芦；女人临产或生养之后，对婴幼儿的保护也很重要，于是人们又想到了葫芦。在古代人心目中，葫芦兼有生育神和婴幼儿保护神双重身份。

1. 吃瓜求子

婚妇多年不生育的人家，将一只瓜煮得稀烂，中午时分置于桌上，夫妇并肩而坐，同时拿起筷子，能吃多少尽量吃多少。据说，这样做了以后，过不了多长时间，女人一定会怀孕。吃什么瓜，各地各时节不尽相同，有南瓜，有冬瓜，也有葫芦。

2. 母亲馈赠

在滇西巍山彝族回族自治县，彝族姑娘出嫁之后，母亲时时刻刻关心着女儿的身体变化。一旦得知女儿怀孕，便送一只葫芦，挂在女儿床头上方的墙壁上。这只葫芦将与女儿终生相伴。现任云南民族出版社总编辑左玉堂同志，是巍山籍彝族，其母尚承此习俗。①

3. 剃胎头

贵州许多地方，小孩出生后第三天要剃头，叫作"剃胎头"。剃头时，须先给小孩一只葫芦，让他（或她）的手接触、抚摸。当地人认为，这样做了，孩子的脑袋才会长得圆圆的，不致畸形。

4. 点头脑

满月，是人来到世界上第一个比较隆重的庆祝日子，亲属长辈都有赐赠，表示祝福。山西霍县一带，外婆要做一个直径达到一尺多的面塑食品，称作"囵囵"（即葫芦），送给外孙或外孙女，也分给前来探望、祝贺的亲友共享。这种食

---

① 普珍：《中华创世葫芦》，云南人民出版社，1993年版，第96页。称系左玉堂亲自告诉中国社会科学院民族研究所刘尧汉教授的，时在1990年10月21日。

品圆形的底座上塑有十二生肖造型，孩子属什么，就在这个属相上点一个红点儿，称作"点头脑"。囹圄中心放置精美的龙、凤或虎头，取龙凤呈祥、猛虎驱邪之意。

5. 保命葫芦

云南元阳县一带的花苗（苗族的一支），为求孩子长命，要杀保命猪。杀猪要选在孩子出生后不久的一个晚上，悄悄地进行。猪肉煮好后分为 9 堆，每堆放一只盛有肉汤的竹筒。9 堆肉再分成 3 组，将 3 组肉一字摆开，两边竹筒里的肉汤由长辈亲属喝，中间一组竹筒里的肉汤则要喂给幼婴。然后收起猪肉，将猪尾巴挂在门头上。最后，要用一只小布口袋装上一只葫芦，挂在房梁上。直到这个襁褓中的婴儿将来死亡时，这只葫芦连同口袋才能拿下来烧掉。

6. 防溺水

葫芦具有漂浮功能，这种功能也被用于婴幼儿养护实践。山东微山湖的水上人家以船为家，为防孩子落水，用一条红色布带扎在孩子腰间。布带的一头儿系有小虎头，另一头儿系一只葫芦。其原始意义当是祈求虎神和葫芦保佑。

7. 喝葫芦水

云南新平彝族傣族自治县北境，彝族人家为让幼儿早早学会说话，父母便用葫芦瓢打水给孩子喝。用瓢叩碰孩子的额头3下，随即祝诵道："今日看你喝过葫芦水，明日盼你开口把话说。"他们认为，喝葫芦盛过的水能启迪智慧，否则孩子将来不聪明。

十　扑朔迷离的神话

　　神话，指那些反映古代人们对世界及人类起源、自然现象、社会生活的原始理解的故事和传说。这些故事和传说并非现实生活的科学反映，而是人类在生产力水平很低的情况下，不能科学地解释世界及人类起源、自然现象、社会生活的矛盾变化，而以非现实的想象来表现对自然的征服与支配的产物。马克思和恩格斯认为，神话是受自然奴役的原始人集体幻想的产物，是人类最早拥有的非物质存在。神话可用于对崇拜自然力、认识自然力、征服自然力及氏族起源、氏族团结、土地分配等进行解释与记载，有的还代表了直接的宗教观念。①

————————

　　①《马克思恩格斯全集》第 21 卷第 106、118 页，第 20 卷第 449～450 页。

神话是远古先人物质生活和精神生活的化石，是历史上曾存在的现实的反映，蕴含着人类幼年时期生产、生活及思维方式等诸多方面的信息。日本哲学家中村雄二郎在论述神话的智能结构时说过：

> 神话的智能，就是像这样通过借助语言把限于既存的具体的各种各样的形象形形色色地组合起来，从而掌握和表现隐含的宇宙秩序。由此产生的诸多古代神话，之所以具有超越漫长的人类历史间隔、相传至今的力量，或许是出于我们人类对现实生活难看到、也难以感受到的东西，而引起的对宇宙秩序的一种乡愁。①

中国神话历史悠久，内容丰富。大约在公元前 30 世纪至公元前 21 世纪，即禹以前的时期，神话已很发达。从流传至今的伏羲、女娲、盘古、神农等早期神话中，可以见到关于天地开辟、人类起源、部族战争、图腾信仰、巫术礼仪以及日月星辰、洪水灾害等众多的内容。伴随着中国社会的演进，这些神话成为宗教的萌芽、艺术的滥觞、文章的渊源，尤其是对浪漫主义文学的发展，起到了很重要的促进作用。

---

① 转引自《灵魂　自然　死亡——宗教与科学的接点》，辽宁大学出版社，1991 年版，第 23 页。

　　自然界中的葫芦，是植物王国中的普通一种，神话中的葫芦，则是一种灵物。数量众多的葫芦神话，以其神奇的魅力，不但影响于后世文学，乃有《搜神记》、《太平广记》、《封神演义》、《西游记》等志怪神仙小说中有关葫芦的精彩篇章，乃有济公、铁拐李等艺术形象，而且广泛地影响着人们的世俗生活及意识形态领域的诸多方面，影响着一代又一代人的观念和行为。

（一）人类的母体

　　关于人类起源与再生的神话，是各族神话中最古老的部分。原始时代，人类对于天地万物知之甚少，对于人类自身的种种问题，如世上的第一个人是如何生出来的，也感到茫然。于是，只好在幻想中探索，依靠丰富的想象力，创造出一个又一个故事来解释。此类神话故事数量很多，给出的答案也很多，千奇百怪，瑰丽多彩。而人类起源于葫芦或葫芦使人类再生的故事，在这类神话中占了相当大的比重，盛传于我国西南少数民族地区，覆盖白、彝、苗、瑶、畲、黎、侗、水、壮、佤、布依、仡佬等二三十个民族。

1. 基诺族：《怪葫芦》

麻黑和麻妞是亲兄妹，他们幼年时经历过一次大洪水。他们藏在父母挖空树干、蒙上牛皮做成的鼓里，得以保全了性命。洪水过后，世上只剩下他们两人。光阴似箭，到了白头之际，他们才想起应为世间人类的繁衍尽责，于是兄妹结婚。但是，两人都已近垂暮之年，再也没有生育能力了。他们懊悔得要死。

麻黑和麻妞为不能生孩子而懊恼，但也没有办法。晚年的生活很寂寞，两人便种葫芦打发时光。有一棵葫芦一直长了3年零6个月，爬遍了整个比恩莫西（即现在的悠久山）山区。这棵葫芦结了许多如斗、似桶、赛缸的瓠果，但一个接一个地枯萎或烂掉了，最后只剩下一只。

有一天，从剩下的唯一那只葫芦里传出了人说话的声音。麻黑和麻妞把木棍烧红，烙穿了葫芦。刹那间，从里面跳出几个人来，第一个是挖格人的祖先，第二个是汉人的祖先，第三个是傣人的祖先，第四个是基诺人。在基诺语中，"基诺"就是"最后挤出来"的意思。

2. 德昂族：《人与葫芦》

很古很古时候，天下洪水泛滥，人和动物几乎都淹死了。

只有少数人和动物被天神卜帕法救在葫芦里，将葫芦封上口。葫芦漂在水面上，留下了人种和动物种。

洪水退后，卜帕法砍开葫芦，人和动物从里面走了出来。这时只剩下男人，没有了女人。一个女人从天上飞下来，帮男人做饭做菜，干完活后就飞走了。男人干着急，一点儿办法也没有。后来天神告诉他，给那个女人戴上腰箍，她就飞不走了。于是，男人就用银子做了腰箍、手镯、项圈，给那女人戴。女人问："为什么把我拴住呢？"男人说："戴上好看。"女人戴上以后再也不会飞，就与男人结成夫妻。后来，腰箍、手镯、项圈，便成了德昂族妇女的衣饰。

因为葫芦救了人，有了葫芦才有了德昂族，所以，德昂人拜佛时离不开葫芦装水，把水滴下来，嘴里念着"救命恩人"。

3. 布依族：《洪水滔天》

很古很古的时候，有一年滴雨未下，天下大旱，地上的庄稼和树木都枯死了。

布依族的祖先布杰到天庭去查问，发现专司打雷下雨的雷公正在睡大觉，就把雷公拉到人间，关进笼子里。布杰要去打猎，临行前嘱咐9岁的儿子伏哥和8岁的女儿羲妹看守雷公，并特别交代千万不要给他水喝，让他尝尝干渴的滋味。雷公渴得受不了，再三哀求给点儿水喝。伏哥羲妹记住了爹的话，但又觉得雷公怪可怜的，便各撒了一泡尿给他喝。雷公恢复了元气，大吼一声，冲出了笼子。他从荷包里掏出一颗葫芦籽，说："多谢救命之恩，送这颗葫芦籽作为报答。种下之后，过3年发芽，再过3年开花，又过3年结瓜。到那时候洪水淹来，你们就把葫芦掏空，躲到里面就可以活命。"说完就回天上去了。

果然，9年之后，雷公发下了滔天洪水，世间的人畜飞鸟都被淹死了。伏哥羲妹按雷公所说，钻进葫芦里得以逃生。后来受太白星君指点，兄妹两人成了亲。成亲半年后，生下个无手无脚的肉坨坨。他们很生气，用柴刀把肉坨坨砍成99块，扔向四面八方。第二天，99块肉变成了99个寨子，99个寨子成了99个姓。挂在李树上的肉变成的人姓李，挂在杨树上的姓杨，挂在桃树上的姓陶……加上伏羲兄妹一个姓，就成了百家姓。

4. 佤族：《青蛙大王和母牛》

很古的时候，人类首领达惹嘎木去赶街，在路上遇到了青蛙大王癞蛤蟆。癞蛤蟆告诉他说："洪水快要淹没天地了，快想办法去逃命吧。"果然，几天后洪水齐天。达惹嘎木牵一头小母牛跨进一只猪食槽中，得以活命。后来经天神指拨，与母牛交媾，生下一粒葫芦籽。他把葫芦籽种在地里，结了一只小山般的葫芦。剖开葫芦，从里面依次走出佤、白、傣、汉各个民族及各种动物。

此类故事，以佤族为最多。另有《人类的祖先》、《司岗里》等，故事情节都差不很多。

5. 黎族:《葫芦的故事》

很久以前，聚居在海南岛昌化江畔的黎族人遭受了一场罕见洪水的袭击，人和动物都死了，只剩下兄妹2人——天妃和观音。他们坐在一只很大的葫芦瓢里，随水漂流，到了燕窝岭旁被树枝卡住，住了下来。兄妹两人长大后，决定分头去寻找伴侣，约好每年三月三日回燕窝岭相会。一年一年过去了，两人走遍天涯海角，再也没找到一个人。妹妹不忍青春流逝，用竹针在自己脸上刺出一道花纹，于三月三日再次回到燕窝岭。哥哥没看出文脸的姑娘是妹妹，两人就结为夫妻，生男育女。

为了纪念祖先，庆祝民族再生，每到农历三月初三，黎族人就带着糕点、粽子，聚集到燕窝岭下，举行祭拜仪式，唱歌，跳舞，进行摔跤、射箭比赛。青年男女则借此机会结识朋友，收获爱情。

6. 水族：《人类起源》

远古时候，在罕洞脚下住着相依为命的兄妹俩。有一天，兄妹俩在泉水边捡到一把斧子。这把斧子名叫"雷公斧"，敲起来响声震耳，对着野兽一挥，野兽就倒下，朝着树木一晃，树木就栽倒。过了几天，一位白发老公公来寻找斧子，兄妹俩还给了老人家。白发老人拔下一颗牙齿，说："送这颗牙齿给你们。你们把它种下，会有好处的。"说完，化作一道金光而去。

兄妹两人按照老人的话，把牙齿种在地里。第三天发芽；第九天结下一只小仓房般的大葫芦。第十天晚上下起雨来，这场雨整整下了半年之久。兄妹俩钻进葫芦里，随水漂流。好不容易又熬半年，洪水才消退。天下的 120 种动物全都淹死了，世上再也见不到第三个人影儿。这时，丢斧子的白发老人又来到面前，劝他们成亲，以绵延人种。妹妹害羞，用帕子包住头，又摘芭蕉叶遮住脸，和哥哥成了亲。不久，妹妹怀孕了，但一直等了 3 年，生下一团肉疙瘩。兄妹两人很生气，把这团肉疙瘩剁碎，倒到了山谷里。成群结队的乌鸦将这些碎肉叼走，撒了个满山遍野。3 天之后，这些肉渣变成了人，有的下海捕鱼，有的上山砍柴，世上有了人烟。

一直到现在，生活在贵州省三都、荔波、独山等地的水族人还在传唱这样的古歌：

> 在远古，洪水滔天，
>
> 淹死了，天下百姓。
>
> 幸好有，一对兄妹，
>
> 坐葫芦，逃脱性命。
>
> 仙人叫，兄妹成婚，
>
> 生怪胎，实在伤心。
>
> 剁烂它，乌鸦叼走，
>
> 撒遍了，山谷丛林。
>
> 碎肉渣，变成人种，
>
> 怪事传，从古到今。

7. 彝族：《葫芦留人种》

远古时候，世上人很多，有富有穷。有一天，天神化作一个穷人来到人间，牵着一匹折了翅膀的飞马测试人心。他先到东方有银子的一家，说讨银子医飞马，人家不给；又到西方有金子的一家，人家也不给；再到南方、北方有牲畜和粮食的富家，人家都不给。天神继续走，碰见穷人阿普都木

(彝语音译，即"远古女祖先"或"尊敬的雌葫芦")兄妹。阿普都木兄妹没有金银财物，便割下身上的血肉献给天神。天神发出告示，要发洪水毁灭人类，却给了阿普都木兄妹一颗葫芦籽。有钱人忙着制作金箱、银箱和铜箱，两兄妹却按天神所嘱种下葫芦籽，早晚浇水，结出一只大葫芦。

　　大雨下了7天7夜，世上万物都被淹没了。金箱、银箱、铜箱都沉入水底，只有盛着阿普都木兄妹的葫芦漂在水面上。洪水退后，葫芦挂在树枝上。天神派老鹰把葫芦抓起来，放在平地上；再派啄木鸟去把葫芦啄开，放两兄妹出来。啄木鸟不愿干，被天神打了一巴掌；又派老鼠去，把葫芦咬开了一个洞。两兄妹的脚刚伸出来，被大黑蜂把脚底肉咬掉一块。两人一生气，把大黑蜂的腰打脱了。天神让他们滚磨，两扇磨合在了一起，兄妹结为夫妻。后来生下4个儿子：长子山苏，住在高山上；次子聂苏，住在半山坡；三子是汉族，住在平坝里；小儿子是傣族，住在江边。

　　各种动物在上述事件中有功有过，因而有了不同的下场：每年的正月，鹰抓鸡吃不能打；让老鼠与人住在一块儿，吃人种出的粮食；啄木鸟的脸被打成红色，人的脚底板是凹的，大黑蜂的腰很细。

8. 汉族：羲娲造人＝葫芦造人

在一般人心目中，汉族神话传说中人类起源的故事与葫芦没有什么关系，其实不然。汉族崇奉的最初神祇或曰人类始神，是伏羲和女娲。而伏羲和女娲正是葫芦。

屈原《天问》："女娲有体。"有，即蛕，大虫也。汉王延寿《鲁灵光殿赋》："伏羲鳞身，女娲蛇躯。"曹植《女娲赞》："或云二皇（即伏羲、女娲），人首蛇形。"汉画像石和唐代绢画中均有人首蛇身、两尾相交的伏羲女娲图，长沙马王堆汉墓帛画上端的半人半蛇，也是女娲。可见，伏羲和女娲是以龙蛇为图腾的氏族臆造出来的神。

《淮南子·说林训》："黄帝生阴阳，上骈生耳目，桑林生臂手：此女娲所以七十化也。"化，化育、化生的意思。这是女娲与其他诸神共同造人之说。说女娲造人时，诸神都来帮忙，有助其生阴阳的，有助其生耳目的，还有助其生臂手的。除此之外，还有女娲独自抟土造人之说。《太平御览》引《风俗通》："俗说天地开辟，未有人民，女娲抟黄土做人。剧务，力不暇供，乃引绳于泥中，举以为人。"此说见于记载虽较晚，但其起源或许更早于诸神助女娲造人之说，由此可见原始社会母权制影响之深远。

闻一多先生早就注意到在有关人类初造或再生的神话故事中，伏羲、女娲老是同葫芦连在一起的现象。这类故事的梗概是：甲和乙是仇人，甲打败了乙，将乙捉住捆起来要处死，甲的一双儿女伺机将乙释放。乙获释后，要发大水淹死甲，而事先送给他的救命恩人以葫芦籽或牙齿等。少男少女将葫芦籽或牙齿种到地里，结出了大葫芦，他们躲进葫芦里随水漂荡。世上其他人都淹死了，他们就结为夫妻，使人类得以繁衍。从这类故事中，闻一多先生意识到伏羲、女娲与葫芦必定有一定的联系。后来通过对"伏羲、女娲与瓠、匏的语言关系"的辨析，得出的结论是："伏羲、女娲果然就是葫芦"，"是葫芦的化身，或仿民间故事的术语说，一对葫芦精"。其辨析过程是：

女娲之娲，《大荒西经》注、《汉书·古今人表》注、《列子·黄帝篇》释文、《广韵》、《集韵》皆音瓜。《路史·后纪二》注引《唐文集》称女娲为"匏娲"，以音求之，实即匏瓜。包戏（即伏羲，也作伏栖、伏戏、庖牺、炮牺、庖羲、宓牺——笔者注）与匏娲，匏瓠与匏瓜，皆一语之转……伏羲与女娲，名虽有二，义实只一。二人本谓皆葫芦的化身，所不同者，仅性别而已。①

谜底至此揭开，汉族神话传说中的人类始祖伏羲和女娲，原来也是葫芦。

其实，在汉族中也流传有具体的有关葫芦再造人类的神话故事，如上海文艺出版社1990年出版《中国神话》一书中的《洪水的传说》。这个故事符合闻一多先生总结的洪水故事模式，与水族、布依族故事不同的细节是：伏羲、女娲的父亲把雷公罩在了鸡罩里；太白金星劝他们兄妹结婚时，他们赌的是将竹子一节节割断，再重新结起来——竹子原来是没有节的，从此便成为有节的植物了；女娲生下的怪物是一块磨刀石。两人把磨刀石砸碎，从山上扔下来。那些碎石块儿，跌到山里的，变成了飞禽走兽；跌到水里的，变成了鱼虾；跌到村子里的，就变成了人。

（二）灵魂的归宿

灵魂，宗教中所幻想的寓于人体之中而又主宰人体的非物质存在。对于灵魂观念的产生，恩格斯有过精辟的论述：

①《闻一多全集》第1卷，湖北人民出版社，1993年版，第60页。

在远古时代，人们还完全不知道自己身体的构造，并且受梦中景象的影响，于是就产生一种观念：他们的思维和感觉不是他们自身的活动，而是一种独特的、寓于这个身体之中而在人死亡之时就离开身体的灵魂的活动……既然灵魂在人死时离开肉体而继续活着，那么，就没有任何理由去设想它本身还会死亡；这样就产生灵魂不死的观念。①

也就是说，人除肉体之外还有灵魂。人活着的时候，灵魂附着于肉体之中，偶尔发生游离现象；人走完生命旅程，灵魂就离开肉体而长存于亡灵世界。

人类经过数十万年漫长的岁月，在形成自己和进化自己的同时，创造了宗教和科学。虽然多数人认为科学是与宗教对立而生，却至今不能彼此否定。科学解释世界上人以外的问题，宗教则以另一种代替语言说明的手法处理着人的内在世界的问题。宗教与科学的接点，正是一些具体的物象。

灵魂观念究竟是怎样产生的？原始人只能从赖以生存的

①《马克思恩格斯选集》第4卷，人民出版社，1972年版，第216、219～220页。

自然中进行思考。也许是太阳和月亮的运行给了他们以启示，也许是出于对死亡的恐惧，也许是源于与天地共久长的向往。人死之后，灵魂不灭，那么，不灭的灵魂究竟跑到哪里去了呢？

葫芦是灵魂的归宿之地。

1. 祖灵葫芦

彝族有人死后遗体火化的传统，"以得火葬为幸"，认为尸体火化后，灵魂可以升天。骨灰则分为两部分，用不同的方式安置。

大部分骨灰装入土陶罐，埋进圆形墓坑里。堆土为坟，坟旁插一根木棒，棒上倒挂一只葫芦。葫芦底部和嘴部各凿开一个洞，便于灵魂自由出入。日后立墓树碑时，有的人家还不忘把葫芦刻在墓碑上。

少部分骨灰则直接装进葫芦里，称作"祖灵葫芦"。须延请巫师念《指路经》，引灵魂进入葫芦，然后供置在家堂的桌子上。《指路经》中有这样的诗句：

> 笃慕的后裔，去世归祖地。
>
> 祭奠回归去，逝后焚尸葬。
>
> 死后归阴宿，要毕摩来教。
>
> 人若去世后，松枝架成堆；
>
> 尸体放堆上，熊熊烈火烧。
>
> 浓烟冲霄汉，整整三昼夜。
>
> 魂变气体流，徐徐天空升。

祖灵葫芦选用成熟后晒干的硬壳葫芦，按祖先的辈分从左至右排列（彝族以左为上）。在葫芦下腹部凿一个中指般粗细的小孔，从孔洞放入碎银、米粒、盐、茶少许，供祖灵享用。葫芦里每一粒种子代表后代一个子孙，因此一粒也不能挖出；如果挖出一粒，则会减少一个子孙。凿出的小孔，要用7片粗糠树叶子塞住。塞孔必须用粗糠树叶子，彝族人认为它是祖先的衣服。塞孔的树叶不能随便拔去，只有一年一度除夕祭祖前，在为祖先举行洗澡（用肉汤洗涤葫芦）换衣仪式时，才能拔去旧卷，换上新采的叶子。采摘粗糠树叶时，须逝者的长子端着盘子随巫师上山，由巫师打卦确定哪棵树的叶子是祖先的衣服。巫师打卦时，长子跪在树下恭听。

按照祖传规矩，一个家庭里一般供奉3只葫芦，一只葫芦代表一代祖先,即父母、祖父母、曾祖父母;三代以上,要烧毁或送到山洞里去。

2. 摄人葫芦

《西游记》中说,唐僧玄奘西天取经须历经九九八十一难,其中第二十四难是"平顶山逢魔"。

太上老君手下看管金炉和银炉的两个童子,偷了盛水的净瓶和盛丹的葫芦,走到下界来。他们占据平顶山莲花洞,分别唤作金角大王和银角大王。这两件宝贝非同小可:把它们底儿朝天,口儿朝地,叫一声谁的名字,如果答应了,就会被装到里面去;随即贴上写有"太上老君急急如律令奉敕"字样的帖子,他就在一时三刻之内化为脓血。其容量之大,亦令人咋舌——每个可装千人。

孙悟空又一次来到莲花洞口,意欲偷得那只葫芦,报的名字却是"者行孙"。他自以为"我真名字叫作孙行者,起的鬼名字叫作者行孙。真名字可以装得,鬼名字好道装不得。"那妖怪拿着宝贝,叫声"者行孙";孙悟空忍不住应了一声,竟"嗖"地一下被吸进葫芦里去了。"原来那宝贝,哪管什么名字真假,但绰个应的气儿,就装了去也。"

孙大圣进入葫芦里大吃一惊——里面乌黑一团,把头往上一顶，哪里顶得动，确实塞得很紧。这位当年大闹天宫、曾在太上老君的八卦炉中炼了七七四十九日的"魔头"，这时心中急躁："敢化了我么？"

这葫芦根底何在？原来是"混沌初分，天开地辟"之时，"有一位太上老祖，解化女娲之名，炼石补天，普救阎浮世界；补到乾宫缺地，见一座昆仑山脚下，有一缕仙藤，上结着这个紫金红葫芦，却便是老君留下到如今"。

3. 还魂葫芦

产生于明代的长篇神话小说《封神演义》，演述商末政治纷乱和武王伐商的历史故事。书中有许多仙佛斗法的描写，其中有二十几处写到葫芦。《姜子牙魂游昆仑山》一回，说方士姚斌大摆"落魂阵"，21天要人性命，到第20天，把姜子牙的三魂七魄拜去了二魂六魄。

> 子牙一魂一魄，飘飘荡荡，杳杳冥冥……径至昆仑山来。适有南极仙翁闲游山下，采芝炼药，猛见子牙魂魄渺渺而来……大惊曰："子牙绝矣！"慌忙赶上前，一把绰住了魂魄，装在葫芦里面，塞住了葫芦口，径进玉虚宫……把葫芦付于赤精子。赤精子心慌意急，借土遁离了昆仑，霎时来至西岐……只见"落魂阵"内姚斌在

那里披发仗剑，步罡踏斗于雷门；观草人顶上一盏灯，昏昏惨惨，足下一盏灯，半灭半明。姚斌把令牌一击，那灯往下一灭，一魂一魄在葫芦中一迸，幸葫芦口儿塞住，焉能进得出来。

赤精子借助于太上老君的法宝"太极图"，二闯"落魂阵"，抢出了象征姜子牙的厌胜草人。书中继续写道：

（赤精子）落下遁光，将草人放下，把葫芦取出，收了子牙二魂六魄，装在葫芦里面，往相府前而来……至子牙卧榻，将子牙头发分开，用葫芦口合住子牙泥丸宫，连把葫芦敲了三四下，其魂魄依旧入窍。少时，子牙睁开眼，口称："好睡！"

引文中提到的"泥丸宫"，即道家所说的上丹田，在人的两眉之间。《黄庭内景经》："脑神精根字泥丸。"被认为是魂魄出入的通道，因此被道家所重视。皮日休《太湖诗》："羽客两三人，石上谈泥丸。"

4. 引魂葫芦

1972 年从长沙马王堆一号汉墓出土彩绘帛画，原覆盖于长沙相利苍妻子的棺木之上，是西汉前期的作品。帛画呈 T

形，内容分为3段：上段绘天界，右边有太阳、金乌、扶桑树，左边有月亮、玉兔、蟾蜍，正中是人首蛇身的女娲，其下有神兽及天门神；中段画墓主人拄杖而行，前后有送行及迎接男女数人；下段有一巨人，站在两条鱼身上，双手托物，作奉献状。各段还穿插人物、神怪、祥龙、瑞兽等，内容极其丰富。整个画面布置在葫芦状弯窿之中。文史专家权威性意见：这件我国古代文化史上的珍品，主题为"引魂升天"。联系攀着葫芦藤能够上天和借助于葫芦形高台（蠡台）可以使灵魂升天的传说，以及少数民族丧葬习俗中的有关事项，便可证明这种判断是有见地的。

彝族老人去世后，亡者的灵柩停放在正屋家堂中，棺材两侧各放置一只用纸扎成的三台葫芦（彝语"阿拍勒特"。三台即3层）。丧期为3天，送葬之日将三台葫芦随灵柩送至火化坟场焚烧。据说，远古之时，天神指点羲娲兄妹避水的葫芦即分为3层：伏羲、女娲在上层，中间一层是牲畜，下底装着五谷，人世间方能有了人畜粮种。流传于云南双柏地区彝民中的《指路经》中说：

生者在阳间，亡者地下埋。

阴城圆溜溜，阴城宽又敞。

阴间住的房，美景样样有：

彩画来装饰，绘有天和地，

日月也画上，画中有星云，

活灵又活现。

这种灵魂升天的思想，在俗信鬼神的楚地非常盛行，可以从屈原的不少诗篇中找到印证。早于马王堆汉墓的长沙陈家大山楚墓，于1949年春发掘，出土的一幅帛画与马王堆汉墓帛画内容基本相同，也分上中下3层，一妇人站在魂舟中，合掌祈求龙凤引导她的灵魂登天升仙。①

一般来说，在民间信仰中，死后的世界除阴曹地府外，还有天堂和仙境。其中，阴曹地府观念的产生，受东传佛教的影响较深，天堂、仙境则是中国土生土长尤其是受道教浸染而发展起来的来世观念。

5. 葫芦灵幡

汉族传统实行土葬。迷信观念认为，人死之后灵魂离开

————————————

① 熊传新：《对照新旧摹本谈楚国人物龙凤帛画》，《江汉论坛》1981年第1期。

肉体，直到入土之前并无居处，而四处游荡。尸体入土，灵魂随之入土，叫作"入土为安"。以后逢春节或忌日，亲属再通过一些宗教仪式从坟中把死者的灵魂唤出，引回家中，与子孙后代共度节日，或接受祭奠。其间有一个问题：死者的灵魂既已离开肉体，那么，又是如何进入坟墓的呢？

这个任务需要葫芦灵幡来完成。

灵幡，即引领灵魂的纸幡。葫芦灵幡由两部分组成：一是剪纸，把一大张白纸折叠起来，剪成相互连接的葫芦形状，重叠的葫芦状纸片中间，夹着一张纸条，上写"引魂入土"或"灵魂由此入土"字样；二是木棍儿，须用直直顺顺的刚砍下来的柳枝（柳树容易栽插成活，象征子孙繁昌；柳又与"留"谐音，表示亲属对死者的留恋），长 1.5 米左右，将细端即枝梢部位弯下约 20 厘米，做成∩形，把葫芦状剪纸吊在细端即成。

死者遗体盛殓（装入棺材）之后，举行隆重的祭奠仪式；祭奠完毕，就该送葬了。起棺之前，孝子从执事人手中接过做好的灵幡，围绕棺材转上 3 遭儿，口中不停地念道："爹（或娘）呀，起身走哩！"棺材抬出正堂屋门，孝子即放声大哭。从停灵的地方一直到坟地的整个送葬途中，孝子左手执灵幡，右手拿哀杖（半米长的柳木棍儿），不停地哭着，不停地叫着对死者的称呼。尸棺抬至墓地，下棺，封土，堆起一个馒头状土堆。执事人把葫芦灵魂插在坟堆顶端，丧葬仪式的主体部分即告结束。

（三）力量的化身

原始氏族时代，人们的社会生活十分简单。那时生产工具落后，生产斗争水平很低，没有剩余物品，社会分工也不明确，个人意识尚未觉醒，社会联系也只有个人——氏族这样简单的线条。在这被后人称为原始共产主义的阶段中，在氏族内部，大家共同劳动，平等享用，没有剥削，没有压迫，不存在利害之争。"人之初，性本善。"所以，产生于这一时期的神话也比较简单，只有人类的起源或再生、氏族推原或部族战争两条线。人类进入阶级社会以后，情况变得复杂了，人与人之间有了财产之争、权利之争、信仰之争……于是，出现了善与恶。这一点也必然反映到社会历史的镜子——神话中去。

在有关葫芦的神话中，有着许多上述内容，而葫芦总是以力量的化身出现，有着不可思议的魔力。

1. 开天辟地的盘古

在中国上古神话中，神话色彩比较鲜明的创世神话出现于公元 3 世纪三国时代。这时，在汉代纬书中被列为"三皇"之一的女娲，开始退居远古神祇的第二位，而一向名不见经传的盘古一跃而为宇宙的开辟者。《艺文类聚》引三国吴人徐整《三五历纪》：

> 天地混沌如鸡子，盘古生其中，万八千岁。天地开辟，阳清为天，阴浊为地。盘古在其中，一日九变，神于天，圣于地。天日高一丈，地日厚一丈，盘古日长一丈。如此万八千岁，天数极高，地数极深，盘古极长。后乃有三皇。数起于一，立于三，成于五，盛于七，处于九，故天去地九万里。

清马骕《绎史》引《五运历年纪》则进一步描绘了盘古的英雄气概：

> 首生盘古，垂死化生，气成风云，声为雷霆，左眼为日，右眼为月，四肢五体为四极五岳，血液为江河，筋脉为地理，肌肉为田土，发髭为星辰，皮毛为草木，齿骨为金石，精髓为珠玉，汗流为雨泽，身之诸虫，因风所感，化为黎甿。

闻一多先生在《姜嫄履大人迹考》中，阐述"伏羲为犬戎之祖"论点时，下断语道："伏羲、盘古、盘瓠本一人。"①

前面介绍过闻一多先生伏羲是葫芦，是葫芦精的观点，那么，盘瓠又是干什么的呢？晋干宝《搜神记》（《汉魏丛书本》）中说：

> 昔高辛氏时，有房王作乱，忧国危亡。帝乃招募天下有得房氏首者，赐金千斤，分赏美女。群臣见房氏兵强马壮，难以获之。辛帝有犬字曰盘瓠，其毛五色，常随帝出入。其日忽失此犬，经三日以上，不知所在，帝甚怪之。其犬走投房王。房王见之大悦，谓左右曰："辛氏其丧乎！犬犹弃主投吾，吾必兴也。"房氏乃大张宴会，为犬作乐。其夜，房氏饮酒而卧。盘瓠咬王首而还。辛氏见犬衔房首，大悦，厚与肉糜饲之，竟不食。经一日，帝呼犬亦不起。帝曰："如何不食，呼又不来，莫是恨朕不赏乎？今当依招募赏汝物，得否？"盘瓠闻帝此言，即起跳跃。帝乃封盘瓠为会稽侯，美女五人，食会稽郡一千户。后生三男三女。其男当生之时，虽似人形，

---

①《闻一多全集》第 1 卷，湖北人民出版社，1993 年版，第 79 页。

犹有犬尾。其后子孙昌盛，号为犬戎之国。

常任侠认为："伏羲一名，古无定书，或作伏戏、庖牺、宓羲、虙牺，同声皆可相假。伏羲与盘瓠为双声。伏羲、庖牺、盘古、盘瓠，声训可通，殆属一词。无问汉苗，俱自承为盘古之后，两者神话，盖同出于一源也。"① 闻一多先生有相同见解，断"盘瓠、伏羲一声之转，明系出于同源"②，"盘瓠犹匏瓠，仍是一语"③。

原来，那个开天辟地、化生万物的盘古，竟也是葫芦。

2. 克敌制胜的法宝

神话中的人物常持有自己的法宝。这些法宝具有超自然的神奇力量，能克敌制胜，降服对手。如果加以理性的审视，我们就会发现，这些法宝尽管形状怪异，名称奇特，但总能在自然界和社会生活中找到其雏形或影子。如《封神演义》中哪吒的乾坤圈和混天绫，实际上就是幼儿戴的手镯和兜肚；云霄娘娘的混元金斗，实际上是马桶。只有葫芦，则直接称作"葫芦"。现就我国著名的神话小说略述一二，以见葫芦魔

---

①《沙坪坝出土之石棺画像研究》，《说文月刊》1941 年第 10、11 期合刊。

②③《闻一多全集》第 1 卷，湖北人民出版社，1993 年版，第 50、61 页。

力之一斑。

(1)《西游记》

《西游记》取材于民间传说和宋人话本、元明杂剧，经明代人吴承恩再创作而成，是我国神话小说的代表作。除平顶山银角大王的紫金红葫芦外，还有多处述及葫芦。

渡河葫芦第22回《八戒大战流沙河　木叉奉法收悟净》，写唐僧、行者和八戒师徒3人过了黄风岭，来到"鹅毛漂不起，芦花定底沉"的800里流沙河边，被河怪拦阻，无法通过。南海观音菩萨从袖中取出一个红葫芦儿，吩咐木叉将此葫芦到流沙河水面，只叫"悟净"，那河怪就从水底出来了。先引他归依了唐僧，然后把他项下挂的那9个骷髅穿在一起，按九宫排列，却把这葫芦安在当中，就是法船一只，渡唐僧过了流沙河界。

仙丹葫芦第39回《一粒丹砂天上得　三年故主世间生》，写孙悟空为救乌鸡国王性命，向太上老君求"九转还魂丹"。"那老祖取过葫芦来，倒吊过底子，倾出一粒金丹，递与行者"。孙悟空把那金丹"安在那皇帝唇里，两手扳开牙齿，用一口清水，把金丹冲灌下肚。有半个时辰，只听肚里呼呼的乱响"，"一口气吹入咽喉，度下重楼，转明堂，径至丹田，从涌泉倒返泥丸宫，呼的一声响亮"，那被青毛狮子精推入井中淹死达3年之久的乌鸡国王，"气聚神归，便翻身，轮拳曲足"，活了过来。

（2）《封神演义》

《封神演义》共100回，60多万字，其中写到葫芦近30处。包括葫芦法宝使用、葫芦中灵丹妙药的神效以及赞颂葫芦的诗词。说到的葫芦法宝，主要有以下几种：

崇黑虎的神鹰葫芦。崇黑虎幼年拜截教真人为师，秘授一只葫芦。将葫芦顶揭去，口中念念有词，葫芦里边冒出一道黑烟，化开如罗网，遮天蔽日的铁嘴神鹰便"咿咿呀呀"地飞来，专啄人的眼目。

王变的红水葫芦。金鳌岛道人王变善摆"红水阵"，内夺壬癸之精，藏天乙之妙，变化莫测。阵中有一八卦台，台上有3只葫芦，将葫芦往下一掷，红水便会平地涌来，汪洋无际，任凭人、仙入阵，溅出一点粘在身上，顷刻化为血水，只剩得衣冠丝绦在。

赤精子的还魂葫芦。前面说过，不再赘述。

陆压的转身葫芦。西昆仑散人陆压的葫芦，揭去顶盖，一道白光上升，高3丈有余；上边现出一物，有眉有眼，眼中两道白光反罩下来，钉住对手的泥丸宫，使其昏迷不醒。施法者再打一躬，喊一声："请宝贝转身！"那宝物连转两三转，对手的首级即落在尘埃。第97回中，妲己施展媚惑之术，使两批行刑军士不得下手，姜子牙正是用这只葫芦结果妲己性命的。

彩云仙子的戮目葫芦。这只葫芦中藏有戮目珠，专伤人目。西岐大将黄天化被打伤二目，翻下坐骑玉麒麟；周营主帅姜子牙也被打伤眼目，几乎从四不像上掉下来。

高兰英的太阳神针葫芦。渑池总兵张奎之妻高兰英的葫芦，能放出49根太阳神针，射人双眼。对手被神针射住，观看不明，即会被乘机擒获或斩杀。

3. 惩恶扬善的象征

神话是人类历史的反映，表现人世间的善与恶是其重要内容。在这类晚出的神话故事中，葫芦大多以正义的象征身份出现。它抑强扶弱，惩恶扬善，体现了中华民族的传统美德。

(1)《宝葫芦的故事》

说的是兄弟二人，老大懒惰，强占家产，老二勤快，生活艰苦。老二家飞来一对燕子，在茅草屋梁上衔泥垒窝。老二百般爱护，打心眼儿里喜爱这俊俏的小生灵。燕子夫妻生下了儿女，小家伙儿不老实，整天乱蹦乱跳，有一天竟然把它们的家弄到了地上。老二心疼得不行，连忙小心翼翼地把燕巢放回梁上，采取了加固措施，再把黄嘴角的小燕子一只一只捧回巢中去。秋天来了，燕子一家要到南方过冬。临走的时候，燕子妈妈衔来一粒葫芦籽，送给它们的房东。第二年春天，老二将葫芦籽种下，细心管理，到秋天结下许多大葫芦。老二想做瓢用，锯开一只一看，里面竟装满金子；再锯开别的，只只都有金子。因此，老二成了方圆百里的首富。

老大见老二暴富，眼红得不得了。他如法炮制，燕巢不落则捅落，对葫芦只种不管。果熟开瓢时跳出一只斑斓猛虎，把他吃掉了。

(2)《燕子与葫芦》

在云南丽江地区纳西族聚居区流传的《燕子与葫芦》，与《宝葫芦的故事》相似。

一位农人看见一只小燕子从巢边摔下来，跌伤了脚，就细心地给它搽药、包扎，还用碎米、小虫喂它，治愈后放飞。第二年，小燕子长成大燕子，又飞回来，并给农人带来一颗核桃大的葫芦籽。农人种下后，悉心管护。葫芦成熟了，切开一看，里面全是金银珠宝。农人将这些金银珠宝全部分给了穷乡亲。

有个财主听到这个消息，想办法捉来一只燕子，把它的腿折断，再敷药、包扎。次年，燕子果然飞回来了，也带给财主一颗葫芦籽。葫芦成熟后，财主把它摘下来，扛到大钱柜边，急忙用柴刀划开。一眨眼儿，从里面钻出无数条毒蛇。毒蛇昂头吐信，把财主吓死在钱柜旁边。

(3)《宝葫芦》

台湾高山族也有一只"宝葫芦"，说的是：恶人伊法巴干去抢穷人的谷子，15 岁的俊俏姑娘玛莱娜勇敢地站出来同他们讲理，被伊法巴干的奴才们扔进浪高流急的大河里。玛莱娜被 7 位仙女救下，并带到龙宫中。仙女们的妈妈送给玛莱娜一只葫芦，一念咒语，整个部落的穷苦人家都有了米、盐、油。伊法巴干带领爪牙来抢宝葫芦，玛莱娜一念咒语，龙母娘娘就出现在面前。龙母娘娘举一下龙头拐杖，顿时刮起大风，将伊法巴干一帮恶棍卷上了天，抛进大河里。

(4)《葫芦枣》

清初褚人获著《坚瓠集》，有《正集》40 卷，《续卷》4 卷，《广卷》6 卷，《补集》6 卷，《秘集》6 卷，《余集》4 卷，共 66 卷。古今人物之迹，里巷谐噱之谈，无不广收博采，并时有神话传说资料存于其间。名为"坚瓠"，乃取葫芦神秘难知义。《坚瓠秘集》卷5引《夷坚志》：

> 光州七里外村媪家，植枣二株于门外。秋日枣熟，一道人过而求之。媪曰："儿子出田间，无人打扑，任先生随意啖食。"道人摘食十余枚。媪延道人坐，烹茶供之。临去，道人将所佩葫芦系于木杪，顾语曰："谢婆婆厚意，明年当生此样枣。即是新品，可以三倍得钱。"遂去。后如其言。今光州尚有此种，人怀核植于他处，则不然。

(5)《韩湘子祝寿》

韩湘子为八仙之一，传说他早年得道。有一次，他前去为叔父韩愈71岁生日祝寿，席间向韩公索求寿酒。韩愈命人抬出10坛美酒，要送给侄子。10坛酒全部倒入韩湘子带的葫芦里，却仍然没装满。更令人惊奇的是，葫芦里竟有日月星光出现。只见海水汹涌，大浪滔天；蛟龙在水中遨游，猛虎在高崖酣卧，龟蛇在水面相戏；五彩莲船水上漂，一只猿猴船头站，一匹白马船尾拴；慈航道人把船撑，五百灵官在拉纤……韩愈夫妇看得目瞪口呆，想出钱将它买下。韩湘子答道："不卖金，不卖银，只赠诚心修行人。韩大人与这葫芦没有缘分，还是归我带走吧！"说完，即升天而去。

十一　远古孑遗的图腾

《光明日报》1992年2月22日报道："正在昆明举行的第三届中国艺术节，是我国56个民族的欢乐节日，56个民族都献上了象征本民族传统文化的吉祥物和艺术品，为这一盛大节日所体现的民族大团结祝福。"其中，塔吉克族的吉祥物是鹰，佤族的吉祥物是木鼓，柯尔克孜族的吉祥物是白鹿，而仡佬族的吉祥物叫作"睦福"。"睦福取'木葫'的谐音，其造型是一只正抓着葫芦飞翔的鹰。在仡佬族人民心中，葫芦有着各民族原是同父同母骨肉兄弟这一内涵。"

从更深一层的文化意义说，这些吉祥物正是各自民族远古图腾的孑遗。

（一）"图腾"解

图腾（totem），系印第安语的音译，意思是"他的亲族"。原始人相信每个氏族都与某种动物、植物或无生物有着亲属或其他特殊关系，此物即成为该氏族的图腾——保护者和象征，或者称族徽。图腾往往为全族的忌物，动植物图腾则禁杀禁食，并且举行祭拜仪式，以促进图腾物的繁衍。图腾信仰曾普遍存在于世界各地，近代在某些部落和民族中仍然流行。

原始社会生产力极其低下，人的思维处于原始状态。由于受社会、经济的制约，人们所具备的心理世界还不能对物理世界的运动做出客观的观察、分析与判断，而只能凭借自己的感情，对宇宙万物做出自以为是的解释。太阳从东方升起，慢慢地划过天弯，沉没在西边的山上或草丛中；月亮在夜间出现，有圆有缺，偶尔还会被"天狗"吞吃；雷霆劈碎大树，闪电乱抽金鞭，狂风卷走茅屋，大雨造成汪洋世界；人没有虎豹豺狼的锋爪利齿，没有鹰集鸳鸯的刀喙劲翅……在大自然面前，人太渺小了，渺小得简直不值一提。"恐惧创造神"，于是，万物有灵论产生了。

万物有灵论，也叫"泛灵论"。初民们相信，任何东西都有灵性，都是造物主于冥冥之中安排的，都有其特长甚至神通。我们斗不过它们，就应该依附于一个本领强大的神灵，靠它来战胜其他神灵，以求得其佑助，借以保护自己。按照文化人类学的观点，神灵崇拜应该有两个特征：一是包含着超自然或神圣的力量，二是表达了信仰者的思想意识，无论这种思想意识的表达方式具体与否。也就是说，神灵崇拜既有人类赖以生存的环境生态因素，又有人的心理因素，是一定社会和时代的产物。

普列汉诺夫说："原始人相信有许多精灵存在，但是他们所崇拜的只是其中的几个。"[①] 又说："图腾崇拜的特点，就是相信人们的某一血缘联合体和动物的某一种类之间存在着血缘关系。"[②] 原始先民对这几个或一个本领强大的神灵顶礼膜拜，献媚邀宠，甚至攀亲缘、拉关系，把它或说成自己的亲族，或奉为自己的祖先。这种心理和行为，就叫图腾崇拜。

---

① 《普列汉诺夫哲学著作选集》第 3 卷，生活·读书·新知三联书店，1959 年版，第 311 页。

② 《普列汉诺夫哲学著作选集》第 3 卷，生活·读书·新知三联书店，1959 年版，第 383 页。

如我国东北鄂伦春、鄂温克和赫哲族都信仰熊图腾，他们分别称熊为"老爷子"、"舅舅"和"爷爷"，"祖父"和"祖母"，"老年人"和"长者"。他们猎熊、吃熊，但要向熊磕头，求熊保佑；驮运熊皮、熊肉时，必须边走边啼哭，以示哀悼，并求熊"可怜"。西伯利亚的熊图腾族埃文基人猎杀熊时，则采取"不承认主义"，当面撒谎赖账。他们对着刚刚被他们杀死的熊祷告："不要生我们的气。打死你的是俄罗斯人，不是我们。"

图腾崇拜产生于原始社会早期，其根源在于蒙昧时代的狭隘与愚昧。它反映了原始初民对大自然的无奈，同时也折射出人类祖先的智慧火花。

最早发现图腾这一史前史现象的，是美国民族学家、原始社会历史学家摩尔根（Lewis Henry Morgan, 1818～1881年）。他那具有划时代意义的巨著《古代社会》，在人类的历史上第一次对图腾做出了详细阐述。这一发现，受到马克思主义经典作家和著名学者的充分肯定。恩格斯在《家庭、私有制和国家的起源》中，采用了摩尔根所提供的大量珍贵资料。图腾崇拜属于初民的原始文化，在计算机时代的今天，它虽然像沙漠中内陆河的河尾一样，已经流得很细很细，但毕竟尚未消失。

（二）葫芦——伏羲氏族的图腾

前面说过，伏羲和女娲的本来面目是葫芦。

伏羲氏与女娲氏大体属于一个氏族。同母系氏族公社早于父系氏族公社的道理一样，从时间上说，女娲早于伏羲。女娲是诸古帝中资格最老的一位。《楚辞·天问》中说："登立为帝，孰道尚之？女娲有体，孰制匠之？"只见女娲而不见伏羲。在这里，女娲这位人类伟大的母亲是以龙蛇之躯出现的——"有"通"蜹"，大虫也。

在汉族典籍中，大约自汉代起，女娲和伏羲的存在时间和他们之间的关系逐渐有了变化。东汉应劭《风俗通义》："女娲，伏希（羲）妹也。"山东嘉祥武氏祠汉画像石中出现了女娲和伏羲的造型，人首蛇身，双尾相交，手执规矩，分捧日月。显然，除了兄妹关系外，他们还是夫妻关系。自此之后，伏羲和女娲在典籍中并列，在画像中并出，如胶似漆，须臾不可分离。但是，一直到了晚唐时期，他们的夫妻名分才得以确立。李冗在《独异志》中叙述，宇宙初开之时，天下只有伏羲女娲兄妹两人。议以为夫妇，又自羞耻。于是来到昆仑山上，结草为扇，以障其面，结为夫妻，繁衍人类。至此，他们由兄妹关系而夫妻关系的演变才得到圆满的解释。在那血缘家庭制社会里，姊妹做妻子，是历史的事实，是合乎道德的。至于他们的顺序排列，即伏羲在前、女娲在后，那自然是实行父系氏族制度的影响。

伏羲女娲兄妹配偶型洪水遗民再造人类的故事，广泛流传于中国南部、印度中部以及越南境内。闻一多先生分析，其母题最典型的形式是：

> 一个家长（父或兄），家中有一对童男童女（家长的子女或弟妹）。被家长拘禁的仇家（往往是家长的弟兄），因童男童女的搭救而逃脱，发动洪水来向家长报仇，但对童男童女，则已经先教以特殊手段，使之免于灾难。洪水退后，人类灭绝，只剩童男童女两人，他们便以兄妹（或姊弟）结为夫妻，再造人类。①

在这类故事中，造人是核心，而葫芦又是造人故事的核心——既是避水工具，又是造人素材。伏羲和女娲钻进葫芦里躲过洪水灾难，再从葫芦里走出来，他们等于是两个葫芦娃。

---

①《闻一多全集》第1卷，湖北人民出版社，1993年版，第56页。

伏羲氏族系从葫芦而出，伏羲氏族尊奉的始祖伏羲和女娲的本来面目又是葫芦，由此可见，伏羲氏族的原生态图腾是葫芦。

把伏羲与女娲尊为始祖的民族，有彝、瑶、水、壮、苗、黎、仡佬等，达二三十个之多，这些民族的原生态图腾都是葫芦。除了葫芦之外，它们又各有自己民族的图腾，这是怎么回事呢？如彝族，称老虎为"罗"，与族称完全一致；创世史诗《梅葛》中说，虎尸解创成天地万物，每年举行老虎节。如瑶族，自信为五彩龙犬盘瓠的后裔，穿五色衣服，裁制皆有尾形。原来，这是该族团的次生态图腾。次生态图腾较之原生态图腾，当然是后出的。老虎腾跳咆哮，勇猛凶残，震慑初民耳目；狗既凶猛又驯服，任人驱使，产生虎图腾和狗图腾也是必然的。由于时间及形象特点等原因，一般情况下，次生态图腾比原生态图腾要活跃得多。

（三）葫芦图腾的遗存

图腾崇拜是人类最早的宗教信仰，大约与氏族公社同时发生，相当于考古学上的旧石器时代晚期。那时人类尚处于蒙昧时代，已经是前天或大前天的事了。由漫长的原始社会而奴隶社会而封建社会而至今天，数以万计的年份过去了，图腾像一个幽灵，影子越来越淡，但一直没有销声匿迹，一直像梦魇一样纠扰于人们的脑际，若隐若现，飘忽不定。就像东北人称熊为"爷爷"、"奶奶"源自熊图腾崇拜一样，在今天的神州大地上，仍能寻觅到葡芦崇拜的蛛丝马迹。

1. 从民俗看葡芦图腾

（1）彝族：葡芦祖先

居住在滇西镇源县摩哈苴（意为"找竹笋吃的地方"）庄的彝民，共有李、罗、何、张、鲁、杞等 6 个汉姓。其中，李姓分为松树、粗糠木、葡芦 3 个宗支，分别称作"松树李"、"粗糠李"、"葡芦李"。这些植物代表各个宗支的祖先，因而备受尊崇。他们的祖先灵位分别用松木、粗糠木和葡芦做成。彝族有一条规矩：同宗者不能通婚。是否同宗，不在于汉姓，而在祖先灵位的质料。汉姓相同，祖先灵位的质料不同，表示并非同宗，是可以通婚的；汉姓不同，但祖先灵位质料相同，表示为同宗，则不能开亲。

（2）纳西族：庶都鲁

距丽江城十七八公里的南山，是纳西族聚居地。这里民风淳厚，保留着许多古代风俗。在家家户户的祖堂里，供着一只葫芦形竹篮儿，称为"庶都鲁"。里面装着三代祖先的图腾物，谁也不能冒犯。三代祖先的图腾物，是将各人的生辰八字写在大红纸上，然后将纸裹在"庶塔"、"庶梯"和"庶箭"上，再用五色丝线束在一起。庶塔（用扁柏木削成，长约15厘米）、庶梯（用黄栗木制成）、庶箭（用青竹做成，上插雕翎，下嵌铁镞）这3样东西，代表纳西族的精神和灵魂。家中男子娶妻，将新郎新娘的生辰八字依上述程序做好，放入"庶都鲁"内，并将3代以上的图腾物烧毁。在这去旧迎新的时候，全家男女老少都要跪在熏炉旁边，口诵祈祷之语，磕3个响头。

（3）拉祜族：与天通话

居住在澜沧江支流南览江两岸的拉祜族，世世代代以农业为主要营生。他们相信上天有各色神灵在管理着人间的事情。每逢久旱不雨，或影响插秧，或禾稼枯焦，他们就与天通话，祈求上天普降甘霖，拯救苍生。与天通话的渠道，就是吹葫芦笙。将寨子里的芦笙高手召集到一起，演奏一套特殊的曲调。他们相信通过葫芦这个神灵之物，能将下界生民的意愿转达上天。

（4）彝族：取悦葫芦

居住在红河南岸的彝族人，当突然间得了急病的时候，要拿一只葫芦，用刀、钻或烧红的棍子穿上几个洞眼儿，每个洞眼儿里插上鸡毛，然后送到村头路口处。意思是：病者的灵魂被鬼拿住了，祈求葫芦神灵释放病者灵魂，让其立即痊愈；如果如愿，许诺杀鸡祭献。

为了求得葫芦神灵的保佑，彝族人平常利用舞蹈来取悦葫芦。彝族的传统舞蹈"乐作舞"，主要步法是围圆圈儿转着跳。无论有多少人，必须成双成对，两个人作为一组，相对而跳。与别种舞蹈显然不同的是，每走 12 步，两人须转身绕一个"8"字形。这个"8"字形，正是一只双台葫芦（即凹腰葫芦）的图案。

2. 从祭祀看葫芦图腾

祭祀包括祭祖和祀神。其目的除表示报答和孝顺外，更多的则体现着消灾禳祸、祈求赐福的功利心理。为了表示崇敬、虔诚、友善之情，常常用贡献食物的方式来讨好鬼神。一些祭祀活动按照封建礼教的需要而规范化，成为盛大的献祭庆典。这样盛大的庆典，隆重而严肃，对祭品和祭器的选择，也十分慎重。葫芦无论充当祭品，还是充当祭器，都是重要的角色。

(1) 祭天礼器

在古代的祭天礼仪中,葫芦是必不可少的器皿。《礼记·郊特性》:"器用陶匏,以象天地之性。"疏:"陶,谓瓦器。"后人对"陶匏"有两种理解:一种理解为偏正结构,即陶制的葫芦状器皿;另一种理解为并列结构,即陶器和匏器——用陶制成的和用葫芦做成的两类材料不同的器皿。古人行文不用标点符号,以致后人产生了分歧。其实,这个问题本来不成其问题。《新唐书·礼乐志二》:"洗匏爵,自东升坛。"《宋史·乐志八》:"匏爵斯陈,百味旨酒。"后世公认,"匏爵为古代祭天礼器之一,以干匏做成,用以盛酒。后代帝王郊祀,仍用匏爵。"(《大辞典》)不光盛酒的爵类器皿是葫芦做的,就连舀酒的勺子也是葫芦做的。《后汉书·礼仪志》:"匏勺一,容一升。"匏勺,系用腹小而柄长的葫芦剖制而成。

礼器,又称"彝器"。根据礼仪的需要,礼器并非一种。如从有实物可证的青铜器来说,就有鼎、爵、簋、瓴、豆、钟等。在陶器出现之前,先民祭天很可能全部使用葫芦制品,"破匏为尊"一语,正是出在这里;陶器问世以后,尤其是仰韶文化时期及以后,制陶工艺比较成熟了,陶器也会出现在祭坛上，从而打破匏器的一统局面。不过，从古籍记载和民间习俗看，葫芦没有离开过古代贵族祭天的供桌。《汉书·郊祀志下》："成帝（公元前32～公元前7年在位）初即位……其器用陶匏，皆因天地之性，贵诚尚质，不敢修其文也。"《晋书·礼志上》："器用陶匏，事返其始，远以配故祖。"上述引文中的"象天地之性"和"因天地之性"，已经说得很清楚，"陶匏"是由陶器制成和葫芦做成的两类器皿——葫芦形圆，象征天；陶器土出，代表地。

祭天是古时国家大典，平常之物不能登此大雅之堂。据此推测，葫芦曾被作为图腾物。

（2）苗族祭女娲

苗族把女娲尊为始祖，岁时常有祭祀，仪式甚为隆重，前面已经谈及。另外，在与婚育有关的环节上，苗民们也忘不了女娲。贝清桥《苗俗记》中说："苗妇有子，祀圣母。圣母者，女娲氏也。"人们相信家中添丁进口，人烟旺盛，是圣母——神圣的母亲女娲的恩赐，因而感谢她，给她以祭献。《路史·后纪二》："以其载媒，是以后世有国，是祀为皋禖之神。"苗蛮各族（后来延伸到汉族）是把女娲当作一位民族的高祖妣来看待的。

（3）瑶族祭盘古

盘古是开辟神。西南地区少数民族，如苗、瑶、白、侗、黎、畲等至今犹存口碑，都把盘古尊奉为人类的始祖，其中以瑶族最为虔诚。游朴《诸苗考》中说：

> 麻阳民，土著者皆盘瓠种……一村有石，名"盘瓠石"，民共祀焉。

刘锡蕃《岭表纪蛮》说得更为详细：

> 盘古为一般瑶族所虔祀，称之为盘王。每至正朔，家人负狗环行炉灶三匝，然后举家男女向狗膜拜。是日就餐，必扣槽蹲地而食，以为尽礼。

盘古即盘瓠，而盘瓠是一条龙犬——"变成龙狗长两丈，五色花斑尽成行。五色花斑生得好，皇帝圣旨叫金龙。"（《狗皇歌》）生活在广西、湖南、贵州一带的瑶族人，自信是盘瓠的后裔，每年的第一天都要祭祀。"负狗"以示亲情，"膜拜"表现尊崇，"扣槽"类似演奏古老的图腾乐曲，"蹲地而食"则是模仿狗吃东西的样子。

3. 从禁忌看葫芦图腾

禁，《说文》释为"吉凶之忌也"，从"示"，"林"声；而"示"者，"语也，以事告人曰示也"（《玉篇》）。忌，《说文》

解作"憎恶也"。禁忌，是人类普遍存在的文化现象，国际学术界称之为"塔布"（Taboo）。"塔布"原是南太平洋波利尼西亚汤加岛人的土语，基本意思是"神圣的"和"不可接触的"。

禁忌主要来源于对鬼神的信仰。"夫忌讳非一，必托之神怪。若设以死亡，然后世人信用畏避。"（王充《论衡》）人们相信，如果对附着有鬼魂和精灵的人或物有所触犯，则会受到报复，招致灾难和厄运。

（1）禁吃葫芦籽

山东民间禁小孩子吃葫芦籽。如果吃了葫芦籽，换牙的时候，门齿就会长得歪歪扭扭，牙龇齿露，影响美观。此俗当源于对葫芦种子的重视，把葫芦籽看得非常宝贵。彝族祖灵葫芦里的种子，一个也不能挖出，因为每一颗种子代表一个子孙，挖出一颗就会减少一个子孙。再联系拉祜、苦聪族人把葫芦籽缝在小儿衣领上，以保佑健康成长的习俗，不难看出对葫芦种子的看重。

（2）忌指葫芦花

汉族和佤族等不少民族忌讳用手指葫芦花蕊，说用手指一下，就会使花朵枯萎，坐不住瓜。这种禁忌的目的，当是取悦于葫芦。把用手指葫芦看作对葫芦的大不敬，甚至看作亵渎。

（3）禁偷别人家葫芦

云南新平地区的彝族人，自古以来恪守一条准则：即使穷死、饿死，也不能偷摘别人家种在地里的葫芦。因为葫芦对人类有救命之恩，是始祖神灵的化身。他们把偷别人家葫芦看作"最下贱的事"，看作"不是人干的勾当"。

（4）忌使用一只葫芦剖开的两只瓢

俗话说，一只葫芦解俩瓢。鲁西有这样的风俗：一只葫芦剖开而成的两只瓢，自家不能全部占有，必须送一只给别人家。如果不这样做，将来生下的孩子会秃头。葫芦是人类共同的祖先，是团结和睦的象征，从葫芦里走出来的人类的后裔们，应该互相关心，互相帮助。这一习俗回响着原始共产主义"平均分配"的遗韵。

4. 从姓氏看葫芦图腾

姓氏，为姓与氏的合称。《左传·隐公八年》："天子建德，因生以赐姓，胙之土而命之氏。"据《通志》说，周及周代以前，姓氏是两个不同的概念，男子称氏，妇人称姓，自周代以后，姓与氏合而为一。

姓氏是宗族的标志，和作为氏族的符号——图腾有着相同的作用。姓，从"女"从"生"，本义是"人所生也"（《说文》），其作用是"别婚姻"（《通志·氏族略序》），即同姓不婚。氏，是宗族系统的称号，为姓的支系，用来区别子孙之所由出生。

摩尔根指出："古老的氏族姓氏很可能取自动物或无生物。"[1] 我国著名史学家吕振羽先生通过对中国姓氏渊源的研究，更明确地说："在中国今日的姓氏中，也保留着不少原始图腾名称的遗迹。"[2] 许多姓氏来。自植物，如杨、柳、柏、杜、梅、麦、桑、林、华、叶，依稀看得见远古图腾的影子。

以葫芦为姓，有瓠、匏、壶、瓢以及复姓壶丘等。

瓠。《集韵》："瓠，亦姓。"古代有一个叫瓠巴的人，擅长演奏瑟和琴。《淮南子·说山训》："瓠巴鼓瑟，而淫鱼出听。"高诱注："瓠巴，楚人也，善鼓瑟。淫鱼喜音，出头于水而听之。淫鱼，头身相半，长丈余，鼻正白，身正黑，口在颔下，

---

① 摩尔根：《古代社会》（新译本）下册，中央编译出版社，2007年版，第291页。

② 吕振羽：《史前期中国社会研究》，生活·读书·新知三联书店，2009年版，第77页。

似鬲狱鱼而身无鳞，出江中。"又，《列子·汤问》："瓠巴鼓琴，而鸟舞鱼跃。"还有一位名叫瓠梁的人，擅长唱歌。《三国志·蜀志·郤正传》："薛烛察宝以飞誉，瓠梁托弦以流声。"注："《淮南子》曰：'瓠巴鼓瑟而鳣鱼听之。'又曰：'瓠梁之歌可随也。'"

匏。《奇姓通》收有匏姓。

瓢。成书于明代的《奇姓通》载："瓢雄，太和人，正德中长阳尉。"

壶。春秋时晋国有壶叔，曾从晋文公出逃国外。文公复国后奖赏功臣，三赏而不及壶叔。壶叔觉得不公平，提出质疑。晋文公说："导我以仁义，防我以德惠，此受上赏；辅我以行，卒以成立，此受次赏；矢石汗马之劳，此复受次赏；若以力事我而无补吾缺者，此又受次赏。三赏之后，故且及子。"晋国人听说后，都很赞成。又，汉代有壶遂，梁人，与太史令司马迁等共同制定汉朝的律历，官至詹事，其人深中笃行。汉武帝正准备提拔他为相，他竟生病而死。

壶丘。春秋时期有壶丘子林，郑国人，又称"壶丘子"或"壶子"。《列子·仲尼篇》中说，列子"师壶丘子林"。壶丘子林名气很大，子产到郑国做相时，先去向他请教。《吕氏春秋·下贤》："子产相郑，往见壶丘子林。"高注："子产，壶丘子弟子。"

以生物为姓作为氏族标志——图腾，在远古时期是十分平常的事，族人引以为荣耀与自豪。后人不谙古情，戴上"文明"的眼镜去审视蛮荒时代的遗存，便羞于用某些生物的名称直接作姓，常常易为同音字或形近字。"蛇"变为"佘"，"鼌"（龟鳖类动物）变为"晁"，"樗"（臭椿树）变为"初"，都是明显的例子。现在，瓠、匏、壶、瓢作为姓氏是绝对少见了，仅能从户、鲍、胡、壹、朴等姓氏中看到它们的影子。

十二　揭开神秘的面纱

综上所述，葫芦是陶器的祖先，是多种民族乐器的滥觞，是救死扶伤的药材，由它创制出攻防兼备的兵器，以它的名字命名了多种类型地理实体，因为它，中华民族的艺术更加绚烂多彩，民俗活动得以丰富，神话传说扑朔迷离……它涉及了日常器用、医药卫生、风俗习惯、神话传说、工艺美术、音乐、文学、地名、军事等诸多领域，影响了世世代代"龙的传人"的物质生活和精神生活。葫芦在中国文化中覆盖面如此广泛，对中国文化的影响如此深刻，是其他任何文化相所不能比拟的。

读者一定会问：葫芦，这么一种平平常常的东西，为什么具有这么大的神通？它的秘密究竟在哪里？

远古时期，人类生存所面临的基本问题，一是维系自身生命所需要的物质条件，二是人本身的世代繁衍。所以，人们将食与色并举，孟子一句"食、色，性也"作了概括，而葫芦与这两者都有密切的联系。"维系自身生命所需要的物质"，除了食物以外，还有洪水背景下的救生问题，以及疾病困扰下的治疗问题，而葫芦恰巧具备这两种功能。在这些感性认识的基础上，又产生了向理性的飞跃，认识到了葫芦的审美价值。

正是这 5 项因素——可食性、漂浮性、医药功能、审美价值和生殖象征性，决定了葫芦在中国文化中的特殊地位。

（一）可食性

1. 原始人的生活

二三百万年以前，类人猿从树上走了下来，学会了直立行走和制造工具，宣告了人类的出现。恩格斯指出："劳动创造了人本身。"[①] 可以说，人类是社会性劳动的产物。

猿猴本来是杂食动物，但以吃植物为主。人类的婴幼时期，必然要继承这一习性，主要靠采集野果、野菜和植物块

---

① 《马克思恩格斯选集》第 3 卷，人民出版社，1972 年版，第 508 页。

茎为生。那时，人类的生产斗争能力很低，只知道用石块等简陋工具"采集天然草木果实为食物，不知狩猎，不知捕鱼"①。这种以采集自然界现成植物为主的经济方式，被后人称作"采集经济"。随着人们对植物生长的认识逐步提高和对生产工具的改进，后来出现了人工栽种，产生了原始的农业。当然，这一历史性进步是在漫长的时期中完成的。

采集经济需要大面积的土地。据估算，依靠这种手段生活，根据地理、气候等因素造成的植被情况的不同，每人须有18～120平方公里，才能保障起码的生存。食物来源一旦枯竭，人群就不得不迁徙。②

我国古代典籍中对原始社会初期人类生活的推测性描述，还是比较符合实际的：

> 古者，禽兽多而人民少，于是民皆巢居以避之，昼拾橡栗，暮栖其上。（《庄子·盗跖》）

> 古者，丈夫不耕，草木之实足矣。（《韩非子·五蠹》）

> 古者，民茹草饮水，取草木之实。（《淮南子·修务训》）

---

① 吴泽：《古代史》（第4编），棠棣出版社，1951年版。
② 《文化学辞典》，中央民族学院出版社，1988年版，第562页。

昔者……未有火化，食草木之实、鸟兽之肉，饮其血，茹其毛，未有麻丝，衣其羽。（《礼记·礼运》）

2. 葫芦——难得的食物

大自然的鬼斧神工，造化出许多不同的植物群落。任何一个植物群落，都有自己的植物种类组成；各种植物个体的数量比例与空间分布，也有一定的结构。从食物的角度说，这些植物可分为可食性植物和非可食性植物。葫芦则属于可食性植物。

人类认识葫芦，最先是从食物的角度。

《韩非子·五蠹》中说："上古之世……民食果蓏（luǒ裸）蚌蛤。"蓏，从"草"从"瓜"，是藤蔓生于地面的瓜类果实。《说文》："在木曰果，在草曰蓏。"《周礼·天官》："蓏，瓜瓞之属。"葫芦是一种瓠果硕大、皮厚肉多的瓜类植物，对于经常处于饥饿状态的原始人类来说，是极其宝贵的。一只葫芦，可以救活一个人；一片葫芦，可以救活一个部族。

民以食为天。人类赖以生存的物质，来源于大自然；人体必须摄取食物，才能获得营养，以维持生命。人们对于赖以生存的食物有着极其浑厚的感情，而这些感情总要表现出来。人们感谢谷物，设立谷神祠以祀之；感谢土地生长万物，土地庙即社神庙便遍地开花。古代的土地神位望隆荣，远非小说、戏曲所写之卑微。葫芦造福于人类，虽不见有被尊为具体神祇的记载，但世世代代对它的感激之情溢于言表，有案可稽。

吕振羽先生曾说："图腾的名称，在初大概是因为某一群团或部落以某种动物为其食物主要来源，而被其他群团或部落给它加上的一种标志。"① 这一见解是有见地的。可惜的是，他只说了动物而没有提及植物。葫芦成为伏羲氏族的原生态图腾，出于食物的原因是主要原因，应该是没有疑义的。

在后世社会生活中，葫芦作为一种瓜蔬，几千年来一直陪伴着华夏民族的繁衍与发展，是物质生活中的重要组成部分。它越来越为人们所重视，研制出形形色色的菜肴。在这时候，葫芦对于人类来说，已经不再是济困救命，而是锦上添花。

（二）漂浮性

1. 远古的水灾

考古发掘证明，原始氏族社会时期，氏族部落傍水而居。

---

① 吕振羽：《史前期中国社会研究》，生活·读书·新知三联书店，2009年版，第72～73页。

遍布我国南北的几十万年前至公元前 2000 年即旧石器时代至新石器时代的聚落遗址，一般都背坡面水，选择在河谷阶地和湖泽的边缘，更多的则处在交通便利的河流交汇处。如半坡、河姆渡、柳湾、大地湾、马坝、良渚、大汶口、崧泽、马家浜等，从这些地名用字的偏旁特征和含义，就可以看出这一特点。黄河流域发现的最完整的早期智人（大约生活在 10 万年前的更新世早期）化石，是 1978 年出土的大荔人，其地点在陕西省大荔县境内的洛河岸边（洛为"葫芦"之急读；而洛河上游的主要支流，正是黄土高原东部的那条葫芦河）；在东北地区发现的有早期智人活动的鸽子洞，则位于辽宁省喀喇沁左旗大凌河的右岸（即出土圆形祭坛和葫芦形孕妇陶像的东山嘴红山文化遗址附近）。

这样的位置，不仅地势比较平坦，草木丰茂，也方便了生活、生产用水，同时提供了与周围部落联系的方便。许多氏族或部落正是凭借这样的地理条件，人口得以增长，活动区域得以扩展，而强盛壮大的。《国语·晋语》："黄帝以姬水成，炎帝以姜水成。"所谓"以某水成"，就是生长在某个水域，活动在某个河畔湖滨，赖水利而发展壮大，成其事业。《诗·大雅·绵》："绵绵瓜瓞，民之初生，自土沮漆……古公亶父，来朝走马，率西水浒，至于岐下。"周人之初，土居沮漆河畔，自古公亶父一代始徙，沿水浒到了岐下。这个氏族在相当长的一个时期内没有离开沮水和漆水，是这两条河养育了他们。所以，他们对这两条河产生了深厚的感情，在《周颂·潜》中唱道："猗有漆沮，潜有多鱼。"《小雅·吉日》则进一步说："漆沮之从，天子之所。"他们认为，漆水和沮水流域是周族的发祥地。尽管离开那里许多年了，他们仍不能忘记，仍在世世代代怀念它，歌颂它。

但是，"水能载舟，亦能覆舟"，"水火亦是无情物"，水利有时会变成水害。正是因为居住临近河湖，一旦水势暴涨，聚落就会被冲毁甚至淹没，导致财产乃至生命之虞，"人或为鱼鳖"（毛泽东《念奴娇·昆仑》）。古籍中有不少有关洪水的记载。《孟子·滕文公上》：

> 当尧之时，天下犹未平，洪水横流，氾滥于天下。

《淮南子·览冥训》中称：

> 往古之时，四极废，九州裂，天不兼覆，地不周载……水浩漾（yǎo 杳）而不消。

夏族的次生态图腾为龙蛇，而龙蛇在水，被视为神物，故在水患频仍时崇拜之。有学者认为，夏鲧、夏禹，就名字与传说来说，都是龙蛇的化身。韦昭注《国语·周语》则说："我姬氏出自天鼋。"鼋，鼋鱼，即鳖，也是水中的灵物。从这些图腾物，可窥见原始先民同洪水搏斗的情形。

闻一多先生说："古代民族大都住在水边，所谓洪水似乎即指河水的泛滥。"他认为，那时人们对付洪水的积极性手段大致有3种：一是"堕高堙庳"，从高处挖土，将居住之处填高；二是"壅防"，即筑堤；三是疏导，开河引流。① 就原始社会的劳动力数量、劳动工具及社会组织等情况看，这3种措施，对于中小水灾会起到一定的防止、遏制作用，但对大水灾和特大水灾来说，是无济于事的。可以想见，像《尧典》中所描绘的"怀山襄陵，浩浩滔天"般的"汤汤洪水"，其破坏性之大，为祸之惨烈。一次次惨痛的经验，一幕幕惊心动魄的场景，会给先民们造成极大的恐惧，在记忆中留下深刻的痕迹。

古人造字多取于形，许多字的原始形态记录了上古时期的历史实际。"昔"字，小篆作"昔"，《说文》释为"干肉也。从残肉，日以晞之"，不确。其实，在甲骨文中，"昔"字有

---

① 《闻一多全集》第一卷，湖北人民出版社，1993年版，第51页。

"𤯓"、"𤰇"、"𤲒"几种样子，那弯弯曲曲的笔画，都是描摹水波的形状。其字正似洪水齐天、草木荡然之象。"洪荒之世，圣人恶之。"（《法言·问道》）许慎其人生活在19个世纪以前，虽然距古不远，但他没有见过甲骨文，从"昔"字的小篆形态没有看破与洪水有关，也不能苛求他。

总之，远古的水灾，给葫芦出台提供了又一宏观背景。

2. 葫芦——天然救生圈

葫芦的空腹，具备了漂浮性；硬壳，又具有一定的强度；再加光滑、质轻，便于携带，是大自然造就的理想的救生器材。在古人眼中，葫芦具有现代救生圈的作用，故有"腰舟"之称。

古人对葫芦的漂浮性能有着深刻的认识，在许多典籍中有所记述：

> 匏有苦叶，济有深涉。（《诗经·邶风·匏有苦叶》）
>
> 燧人以匏济水。（《物原》）
>
> 今子有五石之瓠，何不虑以为大樽而浮于江湖。（《庄子·逍遥游》）
>
> 夫苦匏不材，与人共济而已。韦昭注：佩匏可以渡水也。（《国语·鲁语》）

中流失船，一壶千金。(《鹖冠子·学问》)

枯瓠不朽，利以济舟；渡逾江海，无有溺忧。(《易林》)

按球形体积公式 $V=\frac{\pi}{6}d^3$，计算，一只直径 30 厘米的葫芦的体积约为 $0.014m^3$，全部浸入水中，其排水量可达 14 公斤，可以承载几个人在水中的重量。至于再大些的或将几只葫芦连在一起，其承载力就更大了。

原始时代，变化无常的自然现象对人类的生存造成很大的威胁，那时，自然的赐予对人们来说特别重要。依靠葫芦下水捕鱼，以得果腹之利；凭借葫芦泅渡河溪，以通联络或运输采集、狩猎所得；当汹涌的洪水骤然而至时，葫芦又成了应急救生工具。在一次又一次"滔滔洪水，无所止极"(《山海经·海内经》注引《开筮》)的大灾难中，葫芦拯救了许许多多人的生命，它的形象就在原始人的心灵上打下深深的烙印。人们感谢它，歌颂它，崇拜它，于是出现了关于葫芦拯救人类的神话传说。

在初民的意识中，天的力量大于人，人依赖天，崇拜天。随着生产力的发展，人们的天道观念也在不断地发生变化，由相信天、依赖天、崇拜天到对天产生怀疑，甚或试图超越天，征服天。他们逐渐认识到人类自身的力量，重视人类自身的发展。有关葫芦使人类再生的神话，当产生于这一变化时期。葫芦的漂浮性，正是人类这一思想认识的重大变革，这一历史性进步的契机之一。

（三）医药功用

1. 原始人的疾病困扰

在"救死扶伤的药材"一章中说过，现代人类学家通过对原始氏族公社墓地遗骸的研究，得出一个骇人听闻的结论：原始人寿命很短，平均在 20 岁左右。旧石器时代初期的周口店北京猿人有 22 个个体，其中死于 14 岁以下者 15 人，15～30 岁 3 人，40～50 岁 3 人，50～60 岁 1 人。即使到了新石器时代，人的寿命依然很短。除水溺雷殛、虫咬兽噬以外，疾病是最重要的原因。

《韩非子·五蠹》中说："上古之世，人民少而禽兽众，人民不胜禽兽虫蛇。""民食果蓏蚌蛤，腥臊恶臭，而伤害腹胃，民多疾病。"

《淮南子·修务训》说："古者，民茹草饮水，采树木之实，食赢蜕之肉，时多疾病毒伤之害。"

疾病是当时人类生存的最大威胁。于是，一位集农耕之祖与医药之神于一体的英雄出现了，他就是神农氏。

《淮南子·修务训》说：

> 神农乃始教民播种五谷，相土地宜燥湿肥硗高下，尝百草之滋味，水泉之甘苦，令民知所辟就。当此之时，一日而遇七十毒。

另据《太平御览》卷721引《帝王世纪》：

> 炎帝神农氏长于姜水，始教天下耕种五谷而食之，以省杀生。尝味草木，宣药疗疾，救夭伤之命，百姓日用而不知；著《本草》四卷。

后世人也许以为神农氏尝百草"一日而遇七十毒"之说太残酷（四川东部更有神农氏因尝剧毒植物"断肠草"而死亡的传说），也许以为有损于这位神话英雄的形象，便把"尝百草"改成了"鞭百草"。《搜神记》中说：

> 神农以赭鞭鞭百草，尽知其平毒寒温之性，臭味所主。以播五谷。故天下号神农也。

其实，这些传说不过是把原始社会漫长时期的群体创造集中至一个形象而已。不过，确也反映了原始先民对药用植物的认识过程和对医药事业的重视。

2. 葫芦——治病祛灾的寄托

人类的历史是一部与疾病斗争史。在采集经济时期，由于食物贫乏，我们的远古祖先须对多种植物进行尝试。久而久之，就积累了一些植物的性味知识，进而逐步认识到可以解除病痛的药用植物。这就是中国医药史上"医食同源"之说的根底。

葫芦的药用价值，应该说是较早被发现的。在漫漫的历史长河中，人们对它的认识逐渐加深。或单独实验，或与其他药材排列组合配伍，产生了许多疗效显著的单方、验方，给世世代代许多人解除了病痛之苦，使他们延年益寿。这种无量功德，是葫芦崇拜意识产生的又一根源。因为葫芦能治病，所以，葫芦状建筑物（如白塔、丹鼎）也能治病，以葫芦命名的山洞、水井也能治病，甚至装在葫芦里的东西也有了灵气——不管什么病，用了马上就好。

葫芦的医药功用被神化，其影响很深很广。比如，中国传统的气功系列中，有一种"葫芦功"，又称"8字运气法"。此功法采用仰卧式，两足心相对贴在一起，两膝自然向外侧屈曲呈圆形。腹部如葫芦的下圆，两膝外展如葫芦的上圆，两足心相对如葫芦嘴状，按章运气。据说具有特殊的保健作用。

葫芦被涂上了宗教的光环，成了治病祛灾的寄托。

（四）审美价值

1. 圆满说

圆满，形容事物十分完满，没有欠缺。《宋史·天竺国传》："福慧圆满，寿命延长。"人们把圆月称作"满月"，赏满月欣然起舞，睹残月则黯然伤神。画一只圆圆的竹篮，竹篮里满盛圆圆的水果，不论苹果、葡萄、石榴、樱桃，题上"圆圆满满"4个字，送给别人，受赠者一定会很高兴。小说、戏剧、电影、电视剧以大团圆结局，读者或观众便会感到心理上的满足。

圆的定义是：平面内与定点距离等于定长的点的集合（轨迹）。其特点之一是线条柔和。古希腊哲学家毕达哥拉斯认为，一切平面图形中最美的是圆形，一切立体图形中最美的是球形。教父哲学家奥古斯丁把圆形看作至善至美的图形。埃及的金字塔和欧洲的哥特式教堂无疑是美的，但这种形式的美中潜藏着过于威严的甚至是冷峻的成分，使人感到冷，感到疏远。而圆形的东西让人感到温和，感到亲切，容易产生认同感，能引发普遍的审美快感。

人对客观世界进行感情的评价，形成人与自然的审美关系。美是一种独特表现，使一种新的情感获得存在。王念孙《广雅疏正》："美从大，与大同义。"大，本身具有一种壮观之美。在人们的观念中，天是最大的——"大哉乾元"（《易·乾》）。"乾为天，为圜，为君，为父。"（《易·说卦》）。形容某种物质或非物质的存在之大，"像天一样"即为极致。而天是圆的，因而圆就是最大的，不管它的定长（即半径）是长是短。道教的太极图是由阴阳两条鱼构成的一个圆，据说能用来解释宇宙间万事万物变化的道理。

圆形好像能映衬人们内心隐藏着的某种传统的宗教心理。印度思想家心目中的时间和空间是球形的，是曲线图形的，是球面的。他们惯于说"轮"、"法轮"、"转轮王"、"轮回"等等。"圆通"一词，一般指为人处事灵活随和，不固执拘泥；在佛家语中，是无偏缺、无障碍的意思。《楞严经》卷22："阿难及诸大众，蒙佛开示，慧觉圆通，得无疑惑。"佛门弟子有许多以"圆通"为法号者。《楞严经》卷17："如来观地、水、火、风，本性圆融，周遍法界，湛然常住。"圆融，圆满融通的意思。圆寂，梵文 parinirvana 的意译，是佛教以为的最高理想境界，后来也作为佛或僧侣死亡的代用词。由此足见对圆的崇拜了。受道家思想影响，中国古代以为天形圆而又能主宰万物，故称天为"圆宰"。《旧唐书·音乐志三》："有赫圆宰，深仁曲成。"这种传统的宗教文化心理，自然会通过种种途径从日常生活中折射出来。

《易·系辞》："古者包牺氏之王天下也，仰则观象于天，俯则观法于地，观鸟兽之文与地之宜，近取诸身，远取诸譬……以通神明之德，以类万物之情。"这种仿天效地、类物通神的思维方法，几乎成为我们民族最常见的方法论原则。如备受重视的哲学范畴"天人合一"，即是这种方法论原则的最高哲理抽象与概括。"法象莫大乎天地，变通莫大乎四时，悬象莫大乎日月。"（《易·系辞》）而天是圆形的，日月是圆形的，四时周而复始，也是圆形的。正因为天圆地方，所以可以用"圆颅方趾"来代指人类。《淮南子·精神训》："故头之圆也，像天；足之方也，像地。"

审美活动是人按照美的规律所进行的审美创造和审美欣赏活动。它包括物质生产和精神生产两种方式。在物质生产中，生产物的实用价值居于主导地位；在精神生产中，即在艺术创造和欣赏中，人们已经不再考虑它的实用性，审美需要和审美价值居于主导地位。

审美活动直接诉诸感性的对象，具有生动的形象和直接的可感性。人们审视一种事物，总是先从其外表入手，由表及里，由低到高，由浅入深，逐渐认识其整体及实质的。没有表的美，就不会对人产生吸引力，就更谈不上更深层的探索了。

葫芦，图形对称，曲面圆滑，线条柔和、优美，一波三折，跌宕起伏，既有圆形之美，又有圆体之美，集庄重美与和谐美于一身，给人以赏心悦目之感。"清水出芙蓉，天然去雕饰。"难怪人们喜欢它了。

2."没嘴的葫芦"

《红楼梦》第78回："袭人本来从小不言不语，我只说是没嘴的葫芦。"《后庭记》第2折："并无一个人知道，可端的谁告与。你则一声问的我似没嘴的葫芦。""没嘴的葫芦"，一般用来比喻木讷、不善说话。不说话即闭口，因而有封闭的意思。葫芦大腹中空，封闭致密，与外界隔绝，给人以神秘不可知的感觉。俗语"葫芦里卖的什么药"、"死抱葫芦不开瓢"、"闷在葫芦里"等，都是在其封闭性特征基础上产生的。

文化交流动力论观点认为，文化发展进步的根本动力来源于交流。因为只有交流，才能使得各种文化形态增生出不被原地理环境所羁束的、从更高层次上超越这种地理环境的文化因子。但中国传统文化的封闭性是人所共知的。我们的先人们好像对封闭的东西有所偏爱。在他们的心目中，天是封闭的——"天似穹庐，笼盖四野"；地也是封闭的——鱼或鼋驮着大陆，四周有弱水环绕；时间也是封闭的——春夏秋冬，复而为周。《汉书·礼乐志》："精建日月，星辰度理，阴阳五行，周而复始。"《吕氏春秋·圜道》："物动则萌，萌而生，生而长，长而大，大而成，成而衰，衰而杀，杀而藏，圜道也。"认为循环往复、连续不断的周转，是世间万物的普遍规律，甚至认为社会变化也是遵照这个模式——"分久必合，合久必分"——一条封闭的曲线。

葫芦是一个感性事物。它的深层的文化内涵并不直接呈现在形体上，而是通过从它那里抽象出来的"圆"的符号而呈现出来。出于推理或表达的需要，葫芦在表象上的形圆、封闭的特点被抽象出来，概括为意象的形式，推广到具有相同属性的一切事物，从而形成关于这类事物的普遍概念。在这里，葫芦已不是自然界中的植物，而成为一种理性范畴中的概念，一种哲学思维中的表象。在它身上，沉淀着人们的基本意识和观念，刻画着民族心态的印痕和轨迹。

（五）生殖象征性

1. 人类的自身生产

人类自身的生产，包括人的生物体生产即生育，和对人自身质量的加工——通过教育、训练、学习、实践，把潜在的劳动力变成现实的劳动力。劳动力再生产是物质资料再生产的前提，它表现为两个方面：一是人口数量的多少，二是人口质量的高低。在原始社会，前者的重要性大于后者。在原始人的观念里，婚姻是人生第一大事，而传宗接代、增加人口是婚姻的唯一目的，具有强烈的繁殖种族的生物意义。

在那"只几块石头磨过"、"人猿相揖别"的远古时代，"禽兽多而人民少"（《庄子·盗跖》），生产工具十分落后，人类的生产斗争水平很低。人类要生存，必须与天斗，与地斗，与毒虫猛兽斗。在那样的环境中，没有集体的力量，没有一定数量的人，是不可想象的。《楚辞·天问》王逸注："传言女娲人首蛇身，一日七十化。"化，就是化育、化生。这一神话故事表现了人们对人口快速增长的企盼。

实际上，女娲时代，已经是母系氏族社会繁荣期。母系氏族社会始于旧石器时代中后期，发展与繁荣于中石器时代与新石器时代。只有到了女人当家的母权制繁荣期，生产力获得了一定程度的发展，人类思维脱离了浑浑噩噩的极度原始状态，才有能力、也才有精力去回顾祖先们走过的艰难历程。但是，荒渺历史仅剩下模糊的记忆和代代相传的口碑，口碑必然或多或少地烙上流传过程中各个时代的印痕。

观念是思维活动的结果。一种观念的产生，需要漫长的时间过程。后世的"多子多福"，"不孝有三，无后为大"等观念，根植于原始社会对人口增长的企盼。历史事实告诉我们，古人世世代代看重人的自身生产。

2. 葛芦崇拜＝生殖崇拜

氏族社会的第一个发展阶段是母系氏族社会。那时候，年龄大、辈分高的女子被推为首领，掌管氏族事务，形成了母权制。这种社会制度一直绵延了200多万年。女权颠覆，被男人取而代之，这种世界意义的女性惨败，仅仅是距今七八千年的事。在母系氏族社会里，妇女不仅是维系社会的核心，而且是生产领域的主力。她们所从事的生产有两种意义：一是生活资料的生产，二是人类自身的生产，即种的繁衍。妇女受到尊重，是理所当然的。

在原始人的观念里，事物间的许多联系是直接的，外形相似的东西有着内在的一致性。这种未经过充分的分析演绎而直接过渡到类比判断的认识方法，英国哲学家休谟（1711～1776年）认为是一种原始的哲学思维。（《人性论》）这种原始思维，是古人神秘观念产生的根源之一，也是神秘观念的重要组成部分。

在中国许多古老的风俗事项中，葫芦是女性生殖的象征。它的大腹，酷似女性怀孕的体态；它的中空，它的空间性和容纳性，能够使人想象到女性的子宫和整个身体；它的多籽，更为那些盼望有众多子嗣的人们所倾慕。

闻一多先生根据古史记载和传说中的故事，归纳出避水灾的工具有葫芦、船、臼、瓮、鼓、木桶等，其中葫芦类占了57.2％。这些器物在外形和内在暗示方面有着一致的功效，即它们都是母体妊娠器官的象征，起着孕育和保护后代的作用，反过来，又具备了人类衍生的驱策力量。①

以葫芦为生殖象征的观念，起码在新石器时代初期就已经产生了。考古发现告诉我们，伴随着人类的足迹，到处都

---

① 《闻一多全集》第1卷，湖北人民出版社，1993年版，第67页。

能看到一些原始刻画与雕刻。在这些作品中，除了轮廓粗略的动物形象外，大量的则是生殖崇拜类内容。云南沧源、贺兰山区、新疆呼图壁县境内发现的原始岩画中的女性形象，丹东地区后洼出土的远古女性陶像和东山嘴红山文化女神像，其腹部都夸张性膨大。正如安什林所说：她们都是"裸体的妇女，有着非常发达的大腿和胸部，还有一个向前突出的肚子"①。

郭沫若曾考证"母"字的源出，说："人称育己者为母，母字即生殖崇拜之象征。母中有二点，《广韵》引《仓颉篇》云，'像人乳形'，《许书》（指许慎《说文解字》）亦云，'一曰像乳子也'。""母"字，甲骨文作""，郭沫若称其中的两点"像人乳之意明白如画"②（今之"母"字，两点即双乳分置上下，有失古意，乃文字演变的结果）。对于乳下之""，郭沫若没进行解释，但我们看得明白，就是鼓起的腹部的侧面速写。

---

① 安什林：《宗教的起源》，生活·读书·新知三联书店，1964 年版，第 92 页。

② 《郭沫若全集》第 1 卷，湖北人民出版社，1993 年版，第 14 页。

　　限于尚处于蒙昧时期，原始人对生产生命的生殖力感到不可思议，因而将它置于神圣的地位，极致崇拜。在母系氏族时期，人们将生殖的功劳全部记在女性的账上，所以，女性的乳房和肚子作为孕育、多产的象征，受到高度重视以至顶礼膜拜。以葫芦为女性象征并加以崇拜，是"民知其母不知其父"的母系氏族时期全社会对女性地位的承认与高度尊敬的真实写照。

　　《说文》："万物之精，上为列星。"因为葫芦具备从形态到内涵的生殖象征特点，所以，它又被尊为上天司掌生殖的星神。《文选·洛神赋》说："叹匏瓜之无比兮，咏牵牛之独处。"匏瓜，即匏瓜星，有 5 颗，在河鼓东。《开元占经·石氏中官·占篇》引《黄帝占》："匏瓜星主后宫……匏瓜星明，则……后宫多子孙；星不明，后势弱。"同上引《星官制》："匏瓜，天瓜也。性内文明而多子，美尽在内。"《说文》："匏，瓠也。从包从夸，声包。取其可包藏物也。"而那个"包"字，《说文》作"🄬"，"像人裹妊，巳在中象，子未成形也"。旧时北京之匏瓜亭，为祭祀生殖神性质的场所。这种场所，古时很多。

3. 掌握密码，破译奥秘

在葫芦的潜在结构中，象征着人类母体的生育主题。对葫芦的崇拜，则是对女性的崇拜，而对女性的崇拜来源于生殖崇拜。这是一条很重要的密码。掌握了这一密码，就可以比较顺利地破译葫芦文化中的许多奥秘。

举个例子来说：笙为什么叫"笙"？

《博雅》引《世本》："女娲作笙簧。笙，生也。像物贯地而生。以匏为之，其中空以受簧也。"《书》郑注："东方之乐谓之笙。笙，生也。东方，生长之方，故名乐为笙也。"五代后唐马镐对"女娲作笙簧"的传说并非笃信不疑，但是只因为参破了其中的秘密，所以没有提出异议。他在《中华古今注》中说：

> 上古音乐未和，而独制笙簧，其义云何？答曰：女娲，伏羲之妹，人之生而制其乐，以为发生之象。

《圣门乐志》说得更为明白：

> 笙，生也。生，众昔之萌蘖而发其声华也……其母用匏，匏之为物，其性轻而浮，其中虚而通。笙则以匏为身，植管匏中，像植物以生，故名曰笙。

综合以上诸节引文的意思，可以得出这样的结论：把簧管插入中空、大腹之葫芦，有男女交合、繁衍人种之意，与女娲造人、创立婚姻制度和羲娲兄妹于葫芦中躲避洪水之灾、再造人类之说相应，与原始人的生殖崇拜观念相吻合。樊绰《云南志》："南诏少男子弟，暮夜游闾巷，吹葫芦笙。"其目的是与恋人约会。这里的"笙"，与中国北方男女结婚时，往被褥、枕头里放枣、栗子、花生之"生"，具有相同的意义。乾隆《贵州通志》卷7载：

> 花苗，在贵阳、大定、遵义，所属皆无姓氏……每岁孟春，合男女于野，谓之跳月。择平壤地为月场，鲜衣艳装，男吹芦笙，女振响铃，旋跃歌舞，谑浪终日。暮挈所私而归，比晓乃散。

龚维英先生断定："笙谐生，故'跳月'之舞以交媾收场，以达到繁衍种嗣的目的，显系生殖崇拜矣……上古的笙本为葫芦所制。女娲是苗蛮高祖妣，具有葫芦的化身，故笙等乐器必由她首先制作。"[①] 此话说得很对，别人就不用再多说了。

再如，"人从葫芦里走出来"，"人从葫芦里挤出来"，"人从葫芦里钻出来"，实质就是从女性肚子里生出来；《封神演

---

① 龚维英：《原始崇拜纲要》，中国民间文艺出版社，1989年版，第305页。

义》中王天君"内夺壬癸之精，藏天乙之妙'的"红水阵"，其红水就是女人的月经，所以"溅出一点粘在身上，顷刻化为血水"。至于《西游记》中银角大王的紫金葫芦，"将底儿朝天，口儿朝地，叫一声谁的名字，若应了，就被装到里面，一时三刻化为脓血"，就颇有逆向推理或推原的意味了。

生殖，在动物是繁衍种族的本能，也是抵御死亡的手段。生殖崇拜是原始社会的普遍信仰，也是人类进步的标志。它标志着原始人脱离原始活物论时期萌芽状态的宗教思想意识，逐步认识人类传嗣是靠男女交配繁衍。对原始先人做出这样的评价，并非空穴来风，也绝非仅从故纸堆中寻章摘句，演绎生发，从现存的风俗中仍能看得出来。20 世纪 80 年代，在偏远的湘西苗族山寨，生殖崇拜的遗风仍不绝如缕。据《新民晚报》载：

> 全寨子男女老少围着透亮篝火，吹起芦笙，打着木鼓，欢欣起舞。中间三位主舞人，一男性长者，裸身，手握盛满糯米甜酒的葫芦；另一中年女子，一青年女子，亦裸身。舞至酣处，将甜酒淋在女子身上，于是这个被

　　视为庆贺全寨人丁兴旺的盛会达到了高潮。①

　　这段对苗族鼓社节活动的描述，与"神秘莫测的习俗"一章中所引文字何其相似乃尔。这种舞蹈显示了人类先祖"蛮性的遗留"，能唤起人们对远古的记忆。

　　葫芦文化是中华文明发轫时期的主要特征之一，是中国文化的重要组成部分。"一瓢藏造化"（韩湘《述志》），"天地一壶中"（刘禹锡《寻汪道士不遇》）。悠悠千年万载，祖先们赋予了葫芦以丰富的内容，也留下了无穷的奥秘。这些，有待于我们做进一步的研究。

---

　　①《在神秘的湘西土地上》，《新民晚报》1986 年 4 月 29 日。

十年磨一剑

——再版后记

从发表《葫芦与地名——葫芦文化研究之一》，到《葫芦的奥秘》出版，经历了十个年头。古人云："十年磨一剑。"信矣。

说及研究葫芦文化的缘由，当溯至孩提时代。半个世纪前的鲁西农村，儿童活动丰富多彩。除了捉迷藏、踩高跷、掏鸟窝……还有一项比较文雅的活动，那就是看小人书，即看连环画。《西游记》连环画共60本，其中一册是《平顶山》。孙悟空大闹天宫，降妖伏魔，却被占据平顶山为王的银角大王的一只葫芦吸了进去，三日之内将变为脓血。"葫芦，好厉害！"从那时起，葫芦就在我心中扎下了根。

真正研究葫芦，从20世纪末叶的"文化热"发端，在"桃文化"、"梨文化"、"杏文化"蓬勃之际，我意识到，在中国这个国度，文化载体之伟大，非葫芦莫属。于是，开始了"葫芦文化研究"系列论文的撰写。1990年11月，《葫芦与地名》发表于《山东教育学院学报》；1991年8月，《葫芦与民俗》发表于山东大学《民俗研究》；1992 年 1 月，《葫芦与神话》发表于母校《泰安师专学报》；1992 年 8 月，《葫芦与乐器》发表于山东艺术学院学报《齐鲁艺苑》，中国人民大学《音乐舞蹈研究》1993 年第 1 期复印转载；1994 年 4 月，《葫芦与盛器》发表于山东大学《民俗研究》。1992～1994 年，山东省政协《联合报》发表《葫芦与祭祀》、《葫芦与军事》等 8 篇。1992 年，"葫芦文化研究"入选山东教育学院重点科研项目。

书中照片为邱政昌拍摄。当时，他供职于济南市供电局，任宣传科长，现在是济南供电公司电缆工区党委书记。插图为赵建军绘制。当时，他任教于济南市第三职业中专，现在是中国国家博物馆艺术中心教授，著名画家。

我热爱葫芦，研究葫芦，亲朋好友亦对葫芦产生兴趣。尤其是父亲，逐渐成为一个"葫芦迷"。为了给我的研究提供素材，他老人家在农家小院开辟园圃，种植葫芦，网罗了不少品种。本书图 6 "悬匏"之实物，也是他从莘县俎店乡王楼村（该村用芝麻磨油，历史悠久。为了生产香油振捣器，配套种植悬匏）讨来的。父亲念小学 3 年，博闻强记，是我的知音。2010 年 7 月 10 日（农历五月二十九日），老人家不幸去世。在他的墓穴里，我放上葫芦状容器盛装的白酒，还有一本《葫芦的奥秘》。

20 世纪 20 年代以降，诸多学者从不同侧面研究葫芦，硕果累累。入深山，方知宝藏之多；临大海，才觉汪洋之大。本人不敢妄称"学术"，不敢自诩"著作"，一本小册子，权当读书心得，献给学界同仁，献给子孙后代。